La evolución del hombre

La evolución del hombre
Jean-Baptiste de Panafieu & Élizabeth Holleville

Título original: *L'évolution de l'homme*

garbuixbooks.com
Primera edición: agosto de 2024

Impresión: Edelvives

Maquetación y rotulado: Fernando Fuentes
Corrección: Joana Castells

DEPÓSITO LEGAL: B 13659-2024
ISBN: 978-84-19393-40-1

La ciencia en cómic

Jean-Baptiste de Panafieu
Élizabeth Holleville

LA EVOLUCIÓN DEL HOMBRE

GARBUIX
BOOKS

¡HOLA!
SOY PALEOANTROPÓLOGA. ESTUDIO LOS FÓSILES DE LOS HOMBRES PREHISTÓRICOS. OS VOY A CONTAR LA HISTORIA DE NUESTRA PROPIA ESPECIE, EL *HOMO SAPIENS*.
OJO, LA CIENCIA ES ALGO SERIO. ANALIZAMOS LOS HUESOS DE LOS HOMBRES DEL PASADO Y LAS HERRAMIENTAS QUE USABAN. NO INVENTAMOS NADA.
¡Me encanta imaginar cómo vivían nuestros ancestros! ¡Me hace volar la imaginación!
¿Ni para contar la caza heroica de un mamut?
Estos dos nunca se ponen de acuerdo.
Habla bien, pero cuando dice tonterías me hace reír.
¿ESTÁIS LISTOS? ¡VENGA, EMPEZAMOS UN LARGO Y BONITO VIAJE!

ANTES DE LOS HOMBRES
-23 A -3 MILLONES DE AÑOS

PARA CONTAR NUESTRA HISTORIA, AÚN PODEMOS REMONTARNOS MÁS ALLÁ EN EL TIEMPO, A LOS ANCESTROS DE LOS SIMIOS O A LOS ANCESTROS DE LOS MAMÍFEROS.
CADA ANIMAL TIENE SUS ANCESTROS. CUANTO MÁS NOS REMONTAMOS EN EL TIEMPO, MÁS DIFERENTES SON. ¡ES LA EVOLUCIÓN!
PERO IGUALMENTE PODEMOS OPTAR POR EMPEZAR NUESTRA HISTORIA CON EL PROCONSUL, YA QUE ES UNO DE LOS PRIMEROS GRANDES SIMIOS.
¿Estás de broma? Es pequeñito.
ES CLARAMENTE MÁS GRANDE QUE LA MAYORÍA DE LOS SIMIOS.
Y, SOBRE TODO, SE ENCUENTRA EN EL ORIGEN DE LOS GRANDES SIMIOS ACTUALES: CHIMPANCÉS, ORANGUTANES Y HUMANOS.
¡Iiic, iiic! ¡Soy un mono!
UN PRIMATE, SEGURO.
COMO NUESTROS ANCESTROS, EL PROCONSUL SE ALIMENTABA DE FRUTA Y HOJAS TIERNAS, MÁS NUTRITIVAS QUE LAS VIEJAS.
¡Como los chimpancés!
EL PROCONSUL ES DIFERENTE DE LA MAYORÍA DE LOS OTROS SIMIOS DE SU ÉPOCA:
HA PERDIDO LA LARGA COLA DE SUS ANTEPASADOS.
Como nosotros.
SÍ, HEMOS HEREDADO ESTA CARACTERÍSTICA DE NUESTRO ANCESTRO QUE VIVIÓ HACE 20 MILLONES DE AÑOS, EL PROCONSUL O UNO DE SUS PRIMOS CERCANOS.

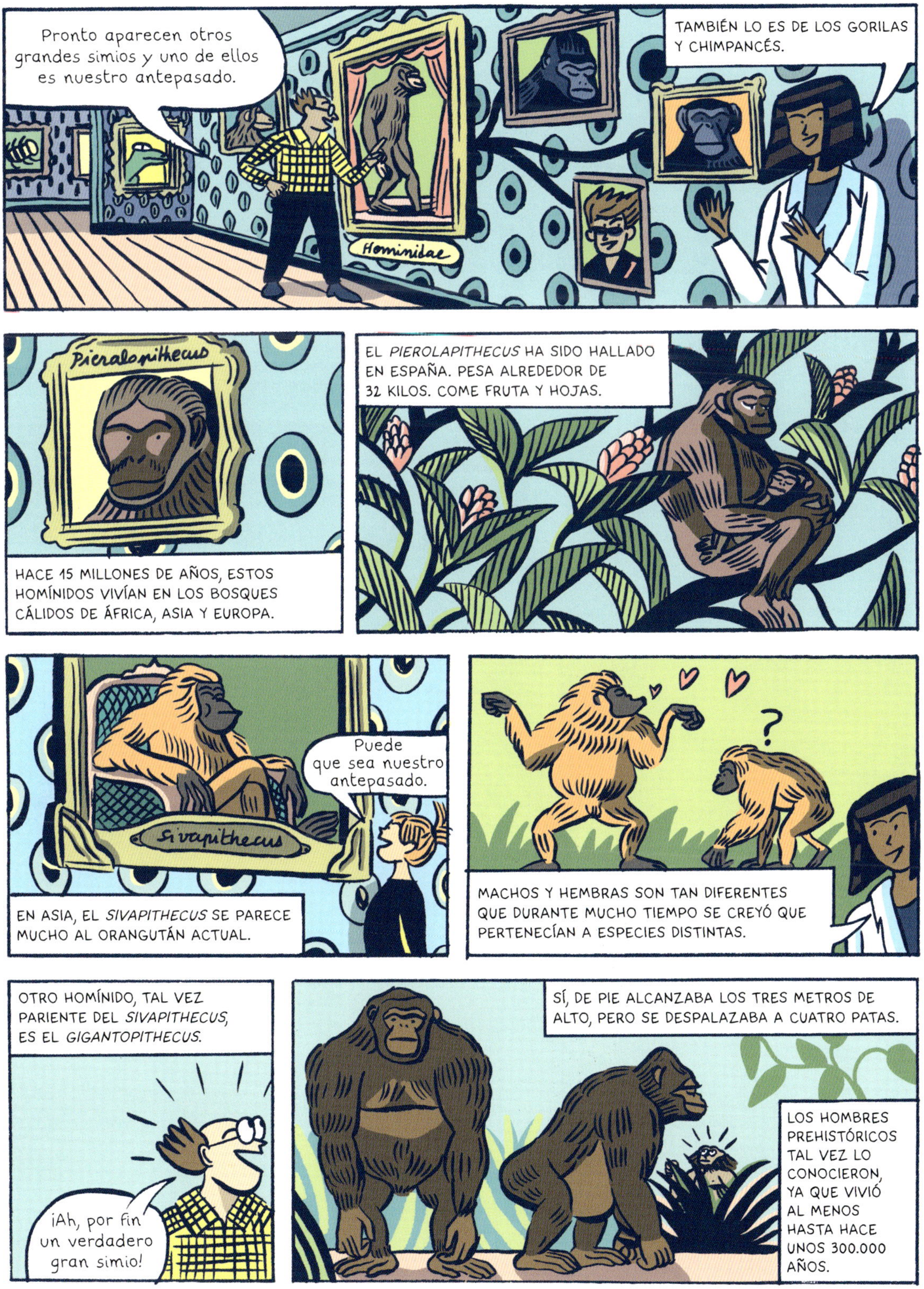
Pronto aparecen otros grandes simios y uno de ellos es nuestro antepasado.
Hominidae
TAMBIÉN LO ES DE LOS GORILAS Y CHIMPANCÉS.
HACE 15 MILLONES DE AÑOS, ESTOS HOMÍNIDOS VIVÍAN EN LOS BOSQUES CÁLIDOS DE ÁFRICA, ASIA Y EUROPA.
EL *PIEROLAPITHECUS* HA SIDO HALLADO EN ESPAÑA. PESA ALREDEDOR DE 32 KILOS. COME FRUTA Y HOJAS.
Sivapithecus
Puede que sea nuestro antepasado.
EN ASIA, EL *SIVAPITHECUS* SE PARECE MUCHO AL ORANGUTÁN ACTUAL.
?
MACHOS Y HEMBRAS SON TAN DIFERENTES QUE DURANTE MUCHO TIEMPO SE CREYÓ QUE PERTENECÍAN A ESPECIES DISTINTAS.
OTRO HOMÍNIDO, TAL VEZ PARIENTE DEL *SIVAPITHECUS*, ES EL *GIGANTOPITHECUS*.
¡Ah, por fin un verdadero gran simio!
SÍ, DE PIE ALCANZABA LOS TRES METROS DE ALTO, PERO SE DESPLAZABA A CUATRO PATAS.
LOS HOMBRES PREHISTÓRICOS TAL VEZ LO CONOCIERON, YA QUE VIVIÓ AL MENOS HASTA HACE UNOS 300.000 AÑOS.

Hacia -8 millones de años, en África el clima se volvió menos caluroso y menos húmedo. Las sabanas crecieron.
ALGUNOS HOMÍNIDOS SE QUEDARON EN LOS BOSQUES. OTRAS ESPECIES SE ADAPTARON A ESTE NUEVO ENTORNO.
TUMAI, UN *SAHELANTHROPUS*, FUE DESCUBIERTO EN EL CHAD. VIVIÓ HACE 7 MILLONES DE AÑOS.
EN EL TUMAI, EL AGUJERO QUE DEJA PASAR LA MÉDULA ESPINAL EN EL PROLONGAMIENTO DEL CEREBRO PARECE SITUADO DEBAJO DEL CRÁNEO. PODRÍAMOS PENSAR QUE SE AGUANTABA DE PIE Y QUE SE DESPLAZABA SOBRE DOS EXTREMIDADES.
scrontch
scrontch
OTRO HOMÍNIDO, EL ORRORIN, VIVIÓ EN LA REGIÓN DE KENIA HACE 6 MILLONES DE AÑOS.
NO CONOCEMOS SU CRÁNEO, PERO TIENE EL FÉMUR BIEN RECTO, POR LO QUE TAMBIÉN ERA BÍPEDO. AL ESTAR SUS FALANGES CURVADAS SABEMOS QUE...
... se subía a los árboles.
HACIA -4,4 MILLONES DE AÑOS, ERA MÁS CONOCIDO EL *ARDIPITHECUS*. SIN DUDA NO PODÍA CAMINAR MUCHO TIEMPO Y AÚN TREPABA MUY BIEN.
NO SABEMOS SI EL SER HUMANO DESCIENDE DE UNO DE ESTOS TRES GRANDES SIMIOS, PERO SEGURO QUE SE LES PARECÍA.

¡Vaya historia, la de los simios que se alzaron con orgullo sobre sus dos extremidades! Así podían ver de lejos.
ME PARECE POCO PROBABLE. EN UN BOSQUE LA VISIBILIDAD ES REDUCIDA.
Además, los babuinos se desenvuelven muy bien a cuatro patas en la sabana.
AL PRINCIPIO, AUNQUE SEAN BÍPEDOS, ESTOS HOMÍNIDOS NO SON MUY GRANDES. ADEMÁS, TIENEN LAS PIERNAS Y LOS PIES DIFERENTES DE LOS NUESTROS.
NO CAMINAN EXACTAMENTE COMO NOSOTROS. BALANCEAN EL CUERPO DE UN LADO A OTRO Y LES CUESTA CORRER.
Entonces, ¿qué ventaja le encuentran a levantarse?
AHORA TIENEN LAS MANOS DISPONIBLES PARA TRANSPORTAR EL ALIMENTO. PUEDEN RECOLECTARLO RÁPIDAMENTE Y COMERLO A CUBIERTO.
TAMBIÉN PUEDE QUE ENCUENTREN MÁS ATRACTIVOS A LOS CAMINANTES. LAS PREFERENCIAS DE MACHOS Y HEMBRAS JUEGAN UN PAPEL IMPORTANTE EN LA EVOLUCIÓN.

Hace 4 millones de años llegó la época de los *australopithecus*, entre ellos, la famosa Lucy, nuestra tatatatatata...
... tara tía abuela.
SÍ, PERTENECE A UNA DE LAS DIVERSAS ESPECIES DE *AUSTRALOPITHECUS*, PERO SIN DUDA NO ES NUESTRO ANCESTRO DIRECTO.
LUCY MIDE 1,1 METROS. LOS MACHOS SON UN POCO MÁS GRANDES, 1,40 METROS, Y PESAN CERCA DE 45 KILOS.
SU CRÁNEO ES UN POCO MAYOR QUE EL DE UN CHIMPANCÉ.
COME HOJAS Y FRUTA, PERO TAMBIÉN INSECTOS Y ANIMALES PEQUEÑOS.
LOS *AUSTRALOPITHECUS* SE DESPLAZAN PARA ENCONTRAR NUEVAS FUENTES DE ALIMENTO.
HEMOS ENCONTRADO HUELLAS DE SU PASO, DEJADAS HACE 3,5 MILLONES DE AÑOS, EN CENIZA VOLCÁNICA QUE DESPUÉS SE ENDURECIÓ.
SON LOS PRIMEROS HOMÍNIDOS QUE PONEN LOS PIES PLANOS SOBRE EL SUELO, LO QUE LES FACILITA EL CAMINAR.
SIGUEN TREPANDO A LOS ÁRBOLES, TAL VEZ PARA DORMIR A SALVO DE DEPREDADORES.
PARECE SER QUE LUCY SE CAYÓ DE UN ÁRBOL Y SE ROMPIÓ LOS HUESOS.

Los *Paranthropus* –3 millones de años

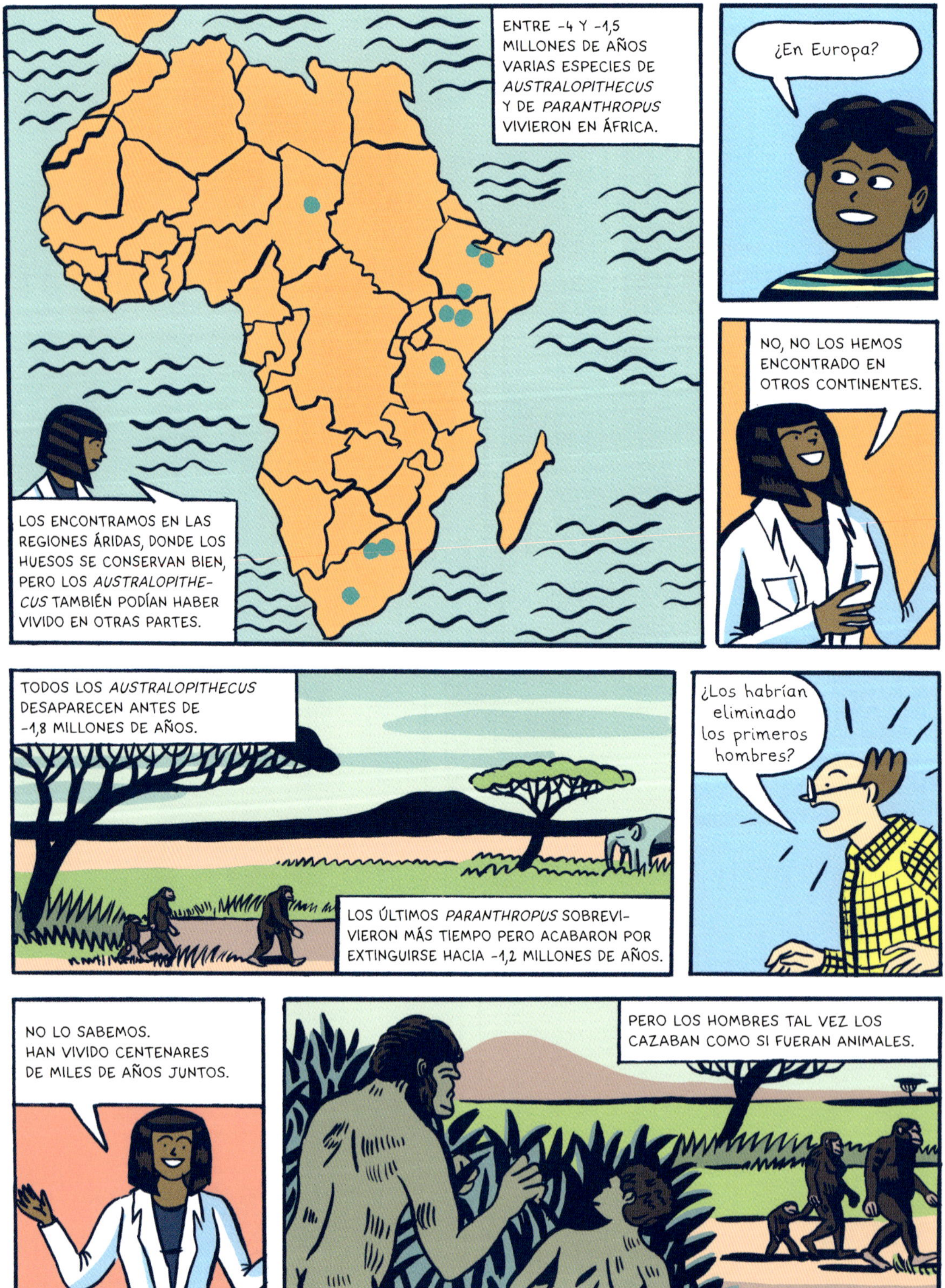
ENTRE −4 Y −1,5 MILLONES DE AÑOS VARIAS ESPECIES DE *AUSTRALOPITHECUS* Y DE *PARANTHROPUS* VIVIERON EN ÁFRICA.
LOS ENCONTRAMOS EN LAS REGIONES ÁRIDAS, DONDE LOS HUESOS SE CONSERVAN BIEN, PERO LOS *AUSTRALOPITHECUS* TAMBIÉN PODÍAN HABER VIVIDO EN OTRAS PARTES.
¿En Europa?
NO, NO LOS HEMOS ENCONTRADO EN OTROS CONTINENTES.
TODOS LOS *AUSTRALOPITHECUS* DESAPARECEN ANTES DE −1,8 MILLONES DE AÑOS.
LOS ÚLTIMOS *PARANTHROPUS* SOBREVIVIERON MÁS TIEMPO PERO ACABARON POR EXTINGUIRSE HACIA −1,2 MILLONES DE AÑOS.
¿Los habrían eliminado los primeros hombres?
NO LO SABEMOS.
HAN VIVIDO CENTENARES DE MILES DE AÑOS JUNTOS.
PERO LOS HOMBRES TAL VEZ LOS CAZABAN COMO SI FUERAN ANIMALES.

LOS PRIMEROS HOMBRES
DE -2,6 MILLONES DE AÑOS A -100.000 AÑOS

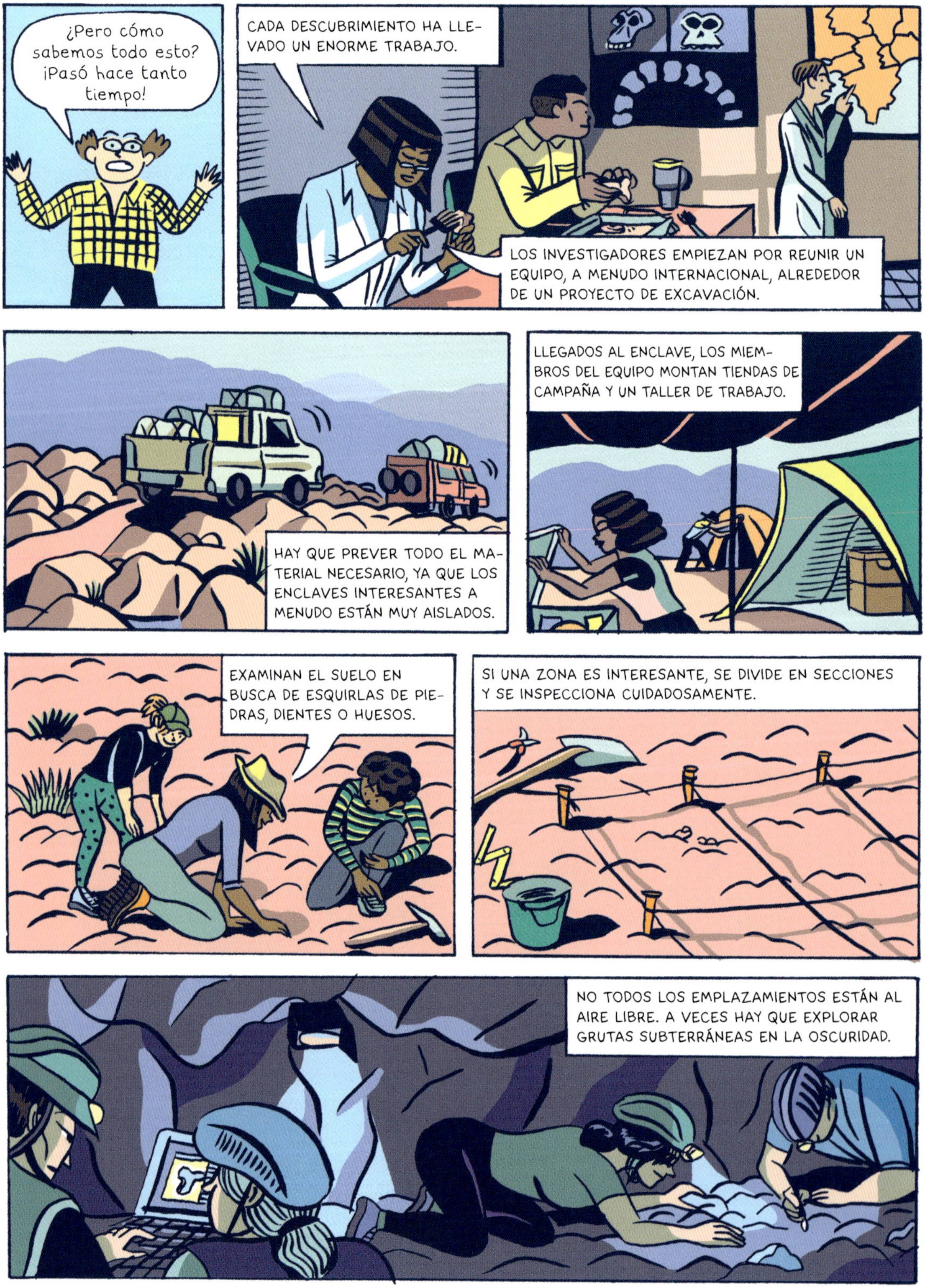
¿Pero cómo sabemos todo esto? ¡Pasó hace tanto tiempo!
CADA DESCUBRIMIENTO HA LLEVADO UN ENORME TRABAJO.
LOS INVESTIGADORES EMPIEZAN POR REUNIR UN EQUIPO, A MENUDO INTERNACIONAL, ALREDEDOR DE UN PROYECTO DE EXCAVACIÓN.
HAY QUE PREVER TODO EL MATERIAL NECESARIO, YA QUE LOS ENCLAVES INTERESANTES A MENUDO ESTÁN MUY AISLADOS.
LLEGADOS AL ENCLAVE, LOS MIEMBROS DEL EQUIPO MONTAN TIENDAS DE CAMPAÑA Y UN TALLER DE TRABAJO.
EXAMINAN EL SUELO EN BUSCA DE ESQUIRLAS DE PIEDRAS, DIENTES O HUESOS.
SI UNA ZONA ES INTERESANTE, SE DIVIDE EN SECCIONES Y SE INSPECCIONA CUIDADOSAMENTE.
NO TODOS LOS EMPLAZAMIENTOS ESTÁN AL AIRE LIBRE. A VECES HAY QUE EXPLORAR GRUTAS SUBTERRÁNEAS EN LA OSCURIDAD.

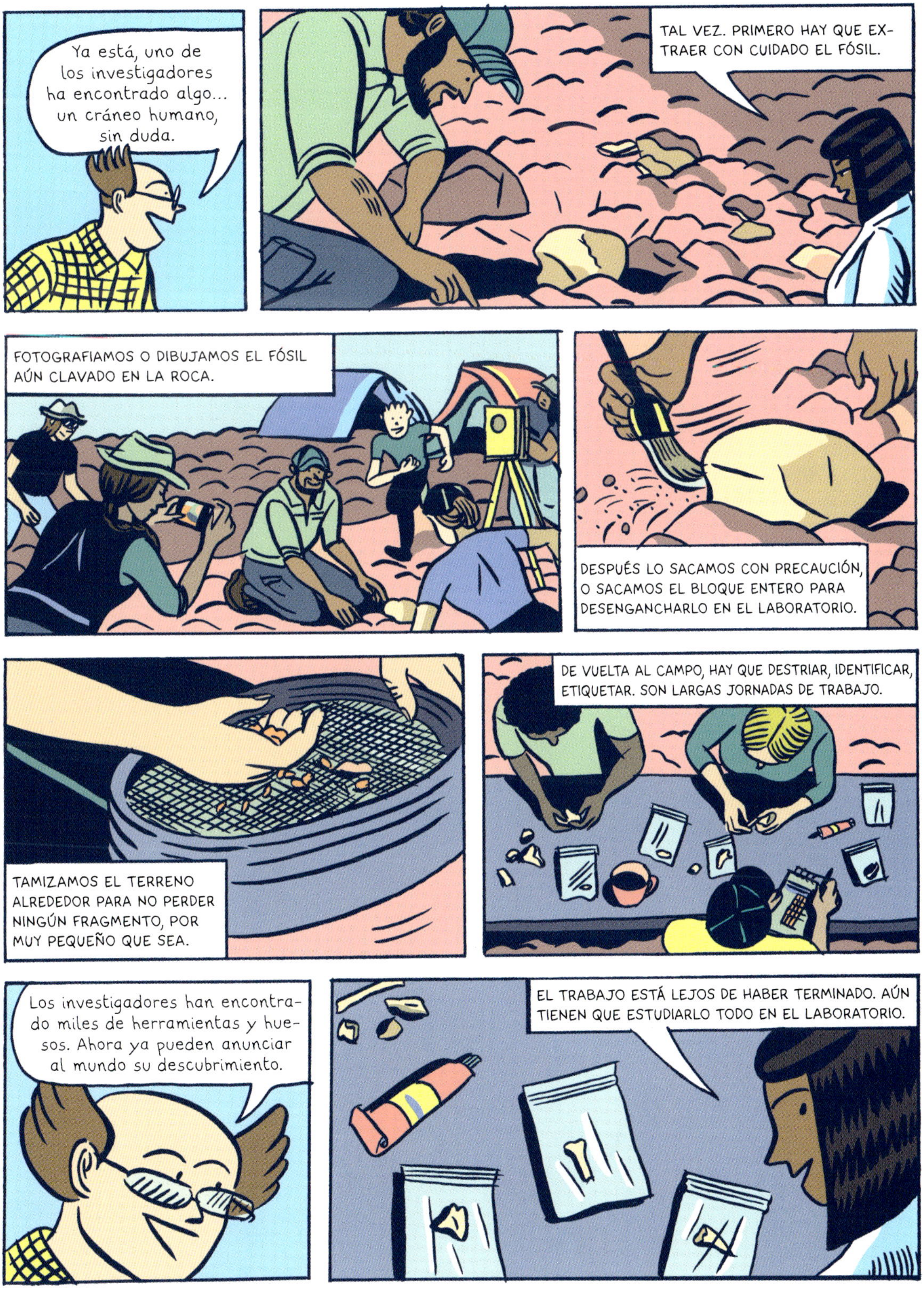
Ya está, uno de los investigadores ha encontrado algo... un cráneo humano, sin duda.
TAL VEZ. PRIMERO HAY QUE EXTRAER CON CUIDADO EL FÓSIL.
FOTOGRAFIAMOS O DIBUJAMOS EL FÓSIL AÚN CLAVADO EN LA ROCA.
DESPUÉS LO SACAMOS CON PRECAUCIÓN, O SACAMOS EL BLOQUE ENTERO PARA DESENGANCHARLO EN EL LABORATORIO.
TAMIZAMOS EL TERRENO ALREDEDOR PARA NO PERDER NINGÚN FRAGMENTO, POR MUY PEQUEÑO QUE SEA.
DE VUELTA AL CAMPO, HAY QUE DESTRIAR, IDENTIFICAR, ETIQUETAR. SON LARGAS JORNADAS DE TRABAJO.
Los investigadores han encontrado miles de herramientas y huesos. Ahora ya pueden anunciar al mundo su descubrimiento.
EL TRABAJO ESTÁ LEJOS DE HABER TERMINADO. AÚN TIENEN QUE ESTUDIARLO TODO EN EL LABORATORIO.

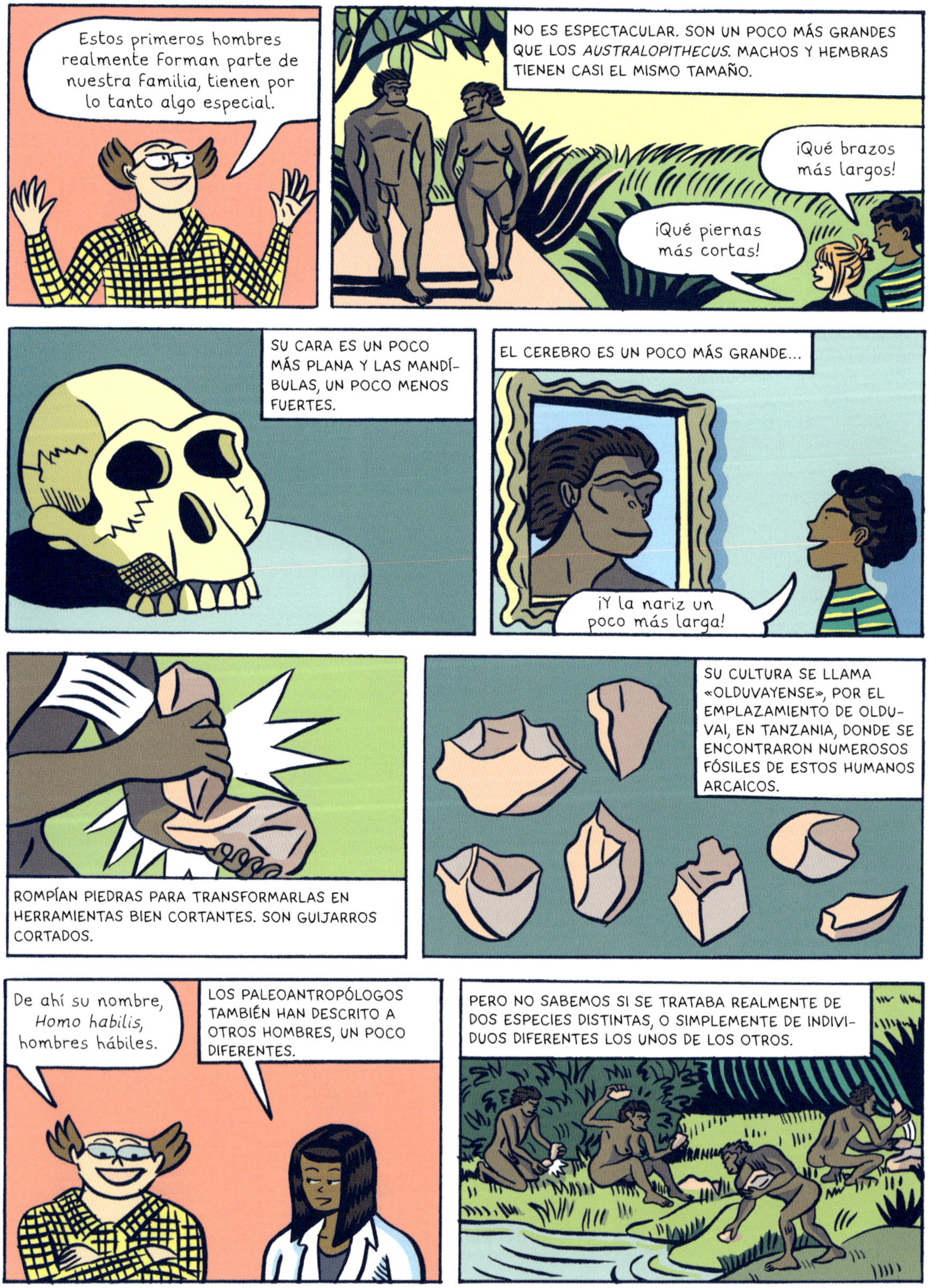
Estos primeros hombres realmente forman parte de nuestra familia, tienen por lo tanto algo especial.
NO ES ESPECTACULAR. SON UN POCO MÁS GRANDES QUE LOS *AUSTRALOPITHECUS*. MACHOS Y HEMBRAS TIENEN CASI EL MISMO TAMAÑO.
¡Qué brazos más largos!
¡Qué piernas más cortas!
SU CARA ES UN POCO MÁS PLANA Y LAS MANDÍBULAS, UN POCO MENOS FUERTES.
EL CEREBRO ES UN POCO MÁS GRANDE...
¡Y la nariz un poco más larga!
ROMPÍAN PIEDRAS PARA TRANSFORMARLAS EN HERRAMIENTAS BIEN CORTANTES. SON GUIJARROS CORTADOS.
SU CULTURA SE LLAMA «OLDUVAYENSE», POR EL EMPLAZAMIENTO DE OLDUVAI, EN TANZANIA, DONDE SE ENCONTRARON NUMEROSOS FÓSILES DE ESTOS HUMANOS ARCAICOS.
De ahí su nombre, *Homo habilis*, hombres hábiles.
LOS PALEOANTROPÓLOGOS TAMBIÉN HAN DESCRITO A OTROS HOMBRES, UN POCO DIFERENTES.
PERO NO SABEMOS SI SE TRATABA REALMENTE DE DOS ESPECIES DISTINTAS, O SIMPLEMENTE DE INDIVIDUOS DIFERENTES LOS UNOS DE LOS OTROS.

Aaah, la vida en la sabana: después de la caza de la cebra, una siesta a la sombra de un baobab.
EN REALIDAD, NO. LOS HOMBRES SIN DUDA SOLO CAZAN ANIMALES PEQUEÑOS, PERO UTILIZAN SUS PIEDRAS TALLADAS COMO CUCHILLOS PARA CORTAR LAS ARTICULACIONES DE LAS PRESAS MÁS GRANDES.
APROVECHABAN LOS ANIMALES MATADOS POR LOS DEPREDADORES Y LOS CORTABAN EN PEDAZOS QUE PODÍAN LLEVARSE ANTES DE LA LLEGADA DE LOS CARROÑEROS.
¡HASTA LOS HUESOS ERAN ÚTILES! CONTENÍAN LA MÉDULA, MUY GRASA Y NUTRITIVA.
COMO SUS DIENTES ERAN MÁS PEQUEÑOS, CREEMOS QUE COMÍAN MÁS CARNE QUE LOS OTROS HOMÍNIDOS, QUE ES MÁS NUTRITIVA Y MÁS FÁCIL DE DIGERIR QUE LAS PLANTAS CRUDAS. LA CARNE LES PROVEÍA DE LA ENERGÍA NECESARIA PARA EL FUNCIONAMIENTO DEL CEREBRO.
Este es muy goloso.
Es una auténtica sociedad. Trabajan todos juntos.
SÍ, SE NECESITABAN UNOS A OTROS. HEMOS ENCONTRADO EL CRÁNEO DE UN HOMBRE QUE HABÍA PERDIDO TODOS LOS DIENTES. SIN DUDA, AL FINAL DE SU VIDA LE AYUDARON SUS COMPAÑEROS.

Algunos de estos hombres evolucionan. Sus descendientes son más grandes y hábiles.
¡Auténticos cazadores!
SÍ, SU CUERPO SE PARECE AL NUESTRO. CAMINAN Y CORREN COMO NOSOTROS. LES LLAMAMOS *HOMO ERECTUS*, HOMBRES DE PIE.
LOS HUESOS DEL CRÁNEO SON MUY GRUESOS. LA CARA ES MÁS PLANA, PERO SIGUE TENIENDO GRANDES PROTUBERANCIAS ÓSEAS POR ENCIMA DE LAS CUENCAS OCULARES...
Como una visera.
LAS MANDÍBULAS SE PROYECTAN HACIA DELANTE.
No hay mentón.
SU CRÁNEO ES MÁS PEQUEÑO QUE EL NUESTRO. LOS MÁS ANTIGUOS, HACE DOS MILLONES DE AÑOS, AÚN TIENEN UN CEREBRO PARECIDO AL DE NUESTROS ANCESTROS.
Parece que estén discutiendo.
NO SABEMOS SI PODÍAN HABLAR. SEGURO QUE SE COMUNICABAN ENTRE ELLOS, PERO NO SABEMOS CÓMO LO HACÍAN.
SIN LUGAR A DUDAS, TENÍAN LA PIEL DESNUDA Y TRASPIRABAN, COMO NOSOTROS. LO QUE LES PERMITÍA ENFRÍAR SUS CUERPOS.
La piel oscura les protegía del sol.
Y los cabellos les conservaban la cabeza a la sombra, lo que evitaba que se les sobrecalentase el cerebro.

Seguimos en el Paleolítico, la época de la piedra tallada, pero los hombres inventan una nueva cultura, la achelense.
EL *HOMO ERECTUS* FABRICA BIFACES. ESTAS HERRAMIENTAS CON FORMA DE AMATISTA SERÁN USADAS EN GRAN PARTE DEL MUNDO DURANTE MÁS DE UN MILLÓN DE AÑOS.
¡Diez mil siglos! ¡Qué éxito!
LOS BIFACES SON MUY DIVERSOS Y TODOS TIENEN DOS CARAS SIMÉTRICAS.
UN EXTREMO ES REDONDEADO Y EL OTRO, MÁS PUNTIAGUDO. LOS LADOS SON AFILADOS.
EL ARTESANO ESCOGE CUIDADOSAMENTE LA PIEDRA A TALLAR.
LUEGO SEPARA LAS ASTILLAS GOLPEANDO LA PIEDRA EN LUGARES MUY PRECISOS.
USA LAS ASTILLAS MÁS INTERESANTES.
ESTAS HERRAMIENTAS SE UTILIZAN PARA CAVAR LA TIERRA, DESCUARTIZAR CARCASAS Y TRABAJAR LA MADERA.
El bifaz es la navaja suiza del Paleolítico.

Corre con facilidad y hace estacas: el *Homo erectus* es un cazador.
ES MENOS RÁPIDO QUE LA MAYORÍA DE LOS ANIMALES DE LA SABANA, PERO LES PUEDE PERSEGUIR HASTA AGOTARLOS.
TAMBIÉN CAZA EN GRUPO, PARA ACORRALAR A SUS PRESAS.
LA CAZA ESTRECHA LOS VÍNCULOS ENTRE LOS MIEMBROS DEL GRUPO, PRIMERO DURANTE LA PERSECUCIÓN, Y LUEGO EN EL MOMENTO DE REPARTIRSE LA PRESA.
ESTO NO IMPIDE QUE EL *HOMO ERECTUS* SIGA COMIENDO FRUTA, SEMILLAS Y TODO TIPO DE ANIMALES PEQUEÑOS.
TAMBIÉN HEMOS ENCONTRADO RASTROS DE CAMPAMENTOS, AGUJEROS DEJADOS POR POSTES CLAVADOS EN EL SUELO.
¿Construían cabañas?
TAL VEZ. YA NO TREPABAN A LOS ÁRBOLES TAN BIEN COMO ANTES Y SIN DUDA DORMÍAN EN TIERRA.

LOS HOMBRES SE DESPLAZAN REGULARMENTE, SIGUIENDO A LOS REBAÑOS EN MIGRACIÓN.
Puede que fuese así como conquistaron el mundo.
EN REALIDAD, ¡NO SABÍAN NADA AL RESPECTO! PERO EL HOMBRE DEJÓ ÁFRICA MUY PRONTO, HACE AL MENOS 1,8 MILLONES DE AÑOS.
POCO A POCO OCUPARON TODOS LOS ENTORNOS FAVORABLES EN ÁFRICA, EUROPA Y ASIA. NO PARECEN HABER LLEGADO A AUSTRALIA Y AMÉRICA.
Si cada generación avanza 20 km, para llegar a China necesitan…
¡… 7.000 años!
EUROPA
ASIA
Homo erectus
ÁFRICA
LO QUE ES MUY POCO EN LA HISTORIA DEL HOMBRE.
PUEDE QUE ALGUNOS GRUPOS SE ENCONTRASEN CON LOS DESCENDIENTES DE HOMBRES QUE HICIERON EL MISMO TRAYECTO SIGLOS O MILENIOS ANTES QUE ELLOS.
POR PRIMERA VEZ EN SU HISTORIA LOS HOMBRES ABANDONAN LOS ENTORNOS TROPICALES. SE ENFRENTAN AL FRÍO Y A LA FALTA DE ALIMENTO.
PERO DESCUBREN UN NUEVO ALIADO, EL FUEGO.

¡Qué revolución! Los seres humanos domestican el fuego, se vuelven sus amos.
HAY QUE DISTINGUIR DOS ETAPAS, LA UTILIZACIÓN DEL FUEGO...
... Y SU PRODUCCIÓN, QUE ES MÁS COMPLEJA.
EN CUALQUIER CASO, HACIA -500.000 AÑOS, LOS *HOMO ERECTUS* ENCIENDEN FOGATAS, CÍRCULOS DE PIEDRA RODEANDO EL FUEGO.
Los alimentos cocidos son más digeribles.
¡Y más ricos!
EL FUEGO LES PERMITE CALENTARSE DURANTE LOS PERIODOS FRÍOS.
LES AYUDA A REPELER A LOS DEPREDADORES Y A TRABAJAR LA MADERA Y LA PIEDRA.
A LA LUZ DE LAS LLAMAS, PUEDEN REUNIRSE PARA CHARLAR O CANTAR.
SEGURAMENTE EL FUEGO JUGÓ UN PAPEL IMPORTANTE EN LA EVOLUCIÓN DE NUESTRA ESPECIE.

NUESTROS PRIMOS DESAPARECIDOS
DE -300.000 AÑOS A -30.000 AÑOS

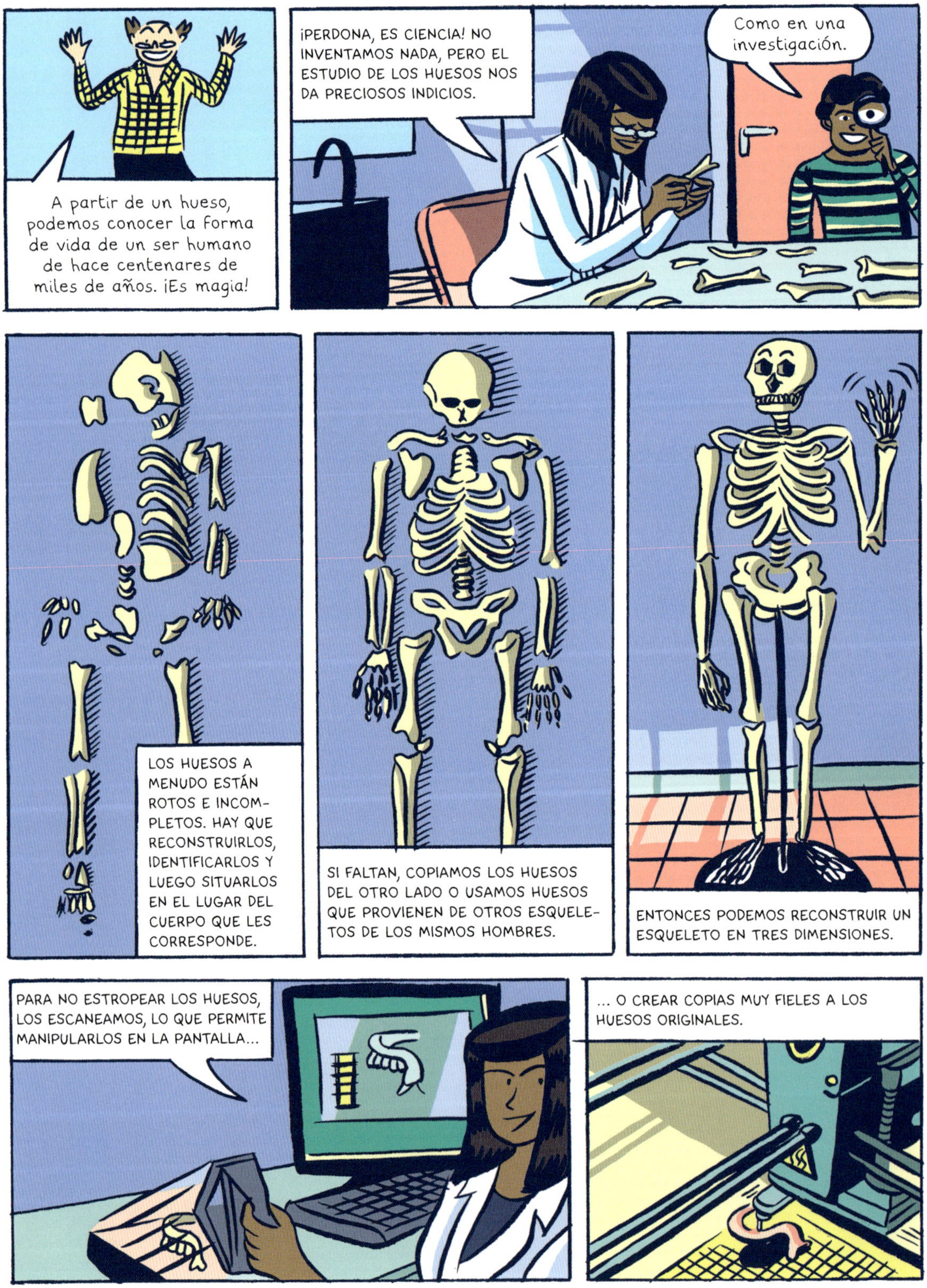
A partir de un hueso, podemos conocer la forma de vida de un ser humano de hace centenares de miles de años. ¡Es magia!
¡PERDONA, ES CIENCIA! NO INVENTAMOS NADA, PERO EL ESTUDIO DE LOS HUESOS NOS DA PRECIOSOS INDICIOS.
Como en una investigación.
LOS HUESOS A MENUDO ESTÁN ROTOS E INCOMPLETOS. HAY QUE RECONSTRUIRLOS, IDENTIFICARLOS Y LUEGO SITUARLOS EN EL LUGAR DEL CUERPO QUE LES CORRESPONDE.
SI FALTAN, COPIAMOS LOS HUESOS DEL OTRO LADO O USAMOS HUESOS QUE PROVIENEN DE OTROS ESQUELETOS DE LOS MISMOS HOMBRES.
ENTONCES PODEMOS RECONSTRUIR UN ESQUELETO EN TRES DIMENSIONES.
PARA NO ESTROPEAR LOS HUESOS, LOS ESCANEAMOS, LO QUE PERMITE MANIPULARLOS EN LA PANTALLA...
... O CREAR COPIAS MUY FIELES A LOS HUESOS ORIGINALES.

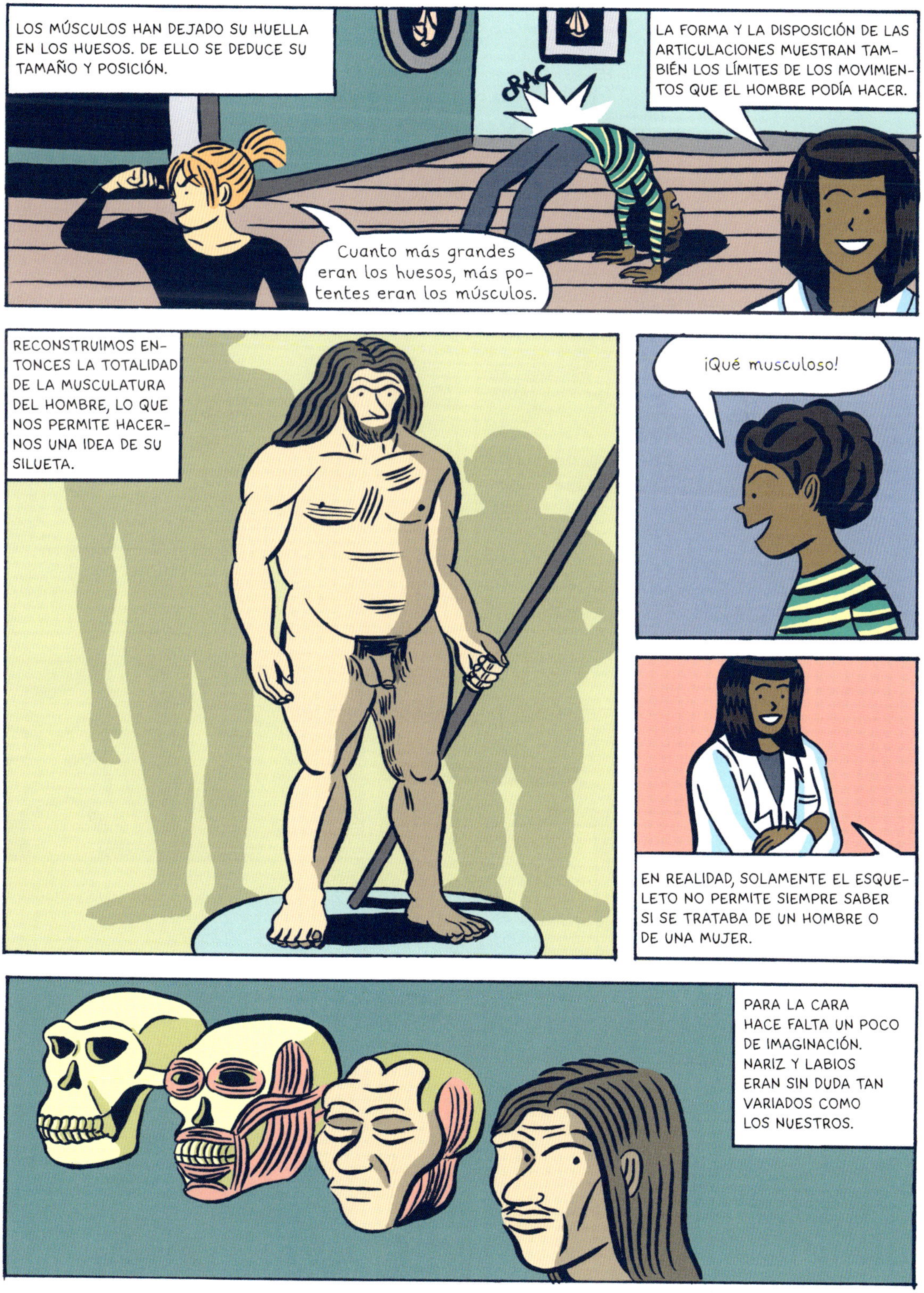
LOS MÚSCULOS HAN DEJADO SU HUELLA EN LOS HUESOS. DE ELLO SE DEDUCE SU TAMAÑO Y POSICIÓN.
CRAC
LA FORMA Y LA DISPOSICIÓN DE LAS ARTICULACIONES MUESTRAN TAMBIÉN LOS LÍMITES DE LOS MOVIMIENTOS QUE EL HOMBRE PODÍA HACER.
Cuanto más grandes eran los huesos, más potentes eran los músculos.
RECONSTRUIMOS ENTONCES LA TOTALIDAD DE LA MUSCULATURA DEL HOMBRE, LO QUE NOS PERMITE HACERNOS UNA IDEA DE SU SILUETA.
¡Qué musculoso!
EN REALIDAD, SOLAMENTE EL ESQUELETO NO PERMITE SIEMPRE SABER SI SE TRATABA DE UN HOMBRE O DE UNA MUJER.
PARA LA CARA HACE FALTA UN POCO DE IMAGINACIÓN. NARIZ Y LABIOS ERAN SIN DUDA TAN VARIADOS COMO LOS NUESTROS.

Nacidos en el calor africano, los hombres se ven confrontados a los largos inviernos helados de Europa. ¡Qué valientes tuvieron que ser!
DURANTE VARIOS MILES DE GENERACIONES, SE TRANSFORMAN Y ADAPTAN A SU NUEVO ENTORNO. LOS LLAMAMOS ENTONCES LOS HOMBRES DE NEANDERTAL.
A LO LARGO DE SU HISTORIA, HAN VIVIDO EN CLIMAS CASI TROPICALES...
... Y A VECES MUCHO MÁS FRÍOS, DURANTE LOS PERIODOS GLACIARES.
HACIA -200.000 AÑOS, LOS NEANDERTALES SON MUY DIFERENTES DE SUS ANTEPASADOS. BASTANTE GRANDES, SON MUSCULOSOS Y MACIZOS.
ESTAS SON CARACTERÍSTICAS QUE SE ADAPTAN BIEN A LOS CLIMAS FRÍOS: UN CUERPO FORNIDO Y EXTREMIDADES CORTAS LES PERMITEN CONSERVAR MEJOR EL CALOR.
EL CRÁNEO DE LOS NEANDERTALES ES MÁS GRANDE Y ALARGADO QUE EL NUESTRO.
¡Contiene un gran cerebro!
TAMBIÉN TIENE PROTUBERANCIAS ÓSEAS POR ENCIMA DE LAS CUENCAS OCULARES.
Tiene una piel clara, por la adaptación a la falta de sol.

¿Estos humanos con el cerebro grande hablan?
Necesito una espátula nueva.
LOS NEANDERTALES INVENTAN UNA NUEVA TÉCNICA PARA TALLAR LAS PIEDRAS, LA MUSTERIENSE.
POC
POC
POC
EL ARTESANO IMAGINA EL OBJETO, LUEGO PREPARA EL BLOQUE HASTA QUE UN GOLPE FINAL DESPRENDE LA HERRAMIENTA.
Artesano y también artista. Utiliza el ocre, una tierra roja.
A VECES DIBUJA SOBRE LAS PAREDES DE LAS GRUTAS Y SIN DUDA SE DECORA EL CUERPO Y LA CARA.
LLEVA COLGANTES HECHOS DE HUESOS O CONCHAS.
OTRA NOVEDAD, LOS NEANDERTALES A VECES ENTIERRAN A SUS MUERTOS...
... PERO TAMBIÉN SE COMEN A OTROS HUMANOS.

Los neandertales son los primeros en cazar presas grandes, hasta presas MUY grandes.
SON GRANDES COMEDORES DE CARNE. SU ALIMENTACIÓN SE PARECE A LA DE LOS LOBOS O LEONES.
SU ARMA PRINCIPAL ES LA LANZA DE MADERA...
... REFORZADA CON UNA PUNTA DE PIEDRA.
¡AUNQUE TAMBIÉN HAY ALGUNAS PLANTAS EN EL MENÚ!

¡CUIDADO!
Mi brazo...

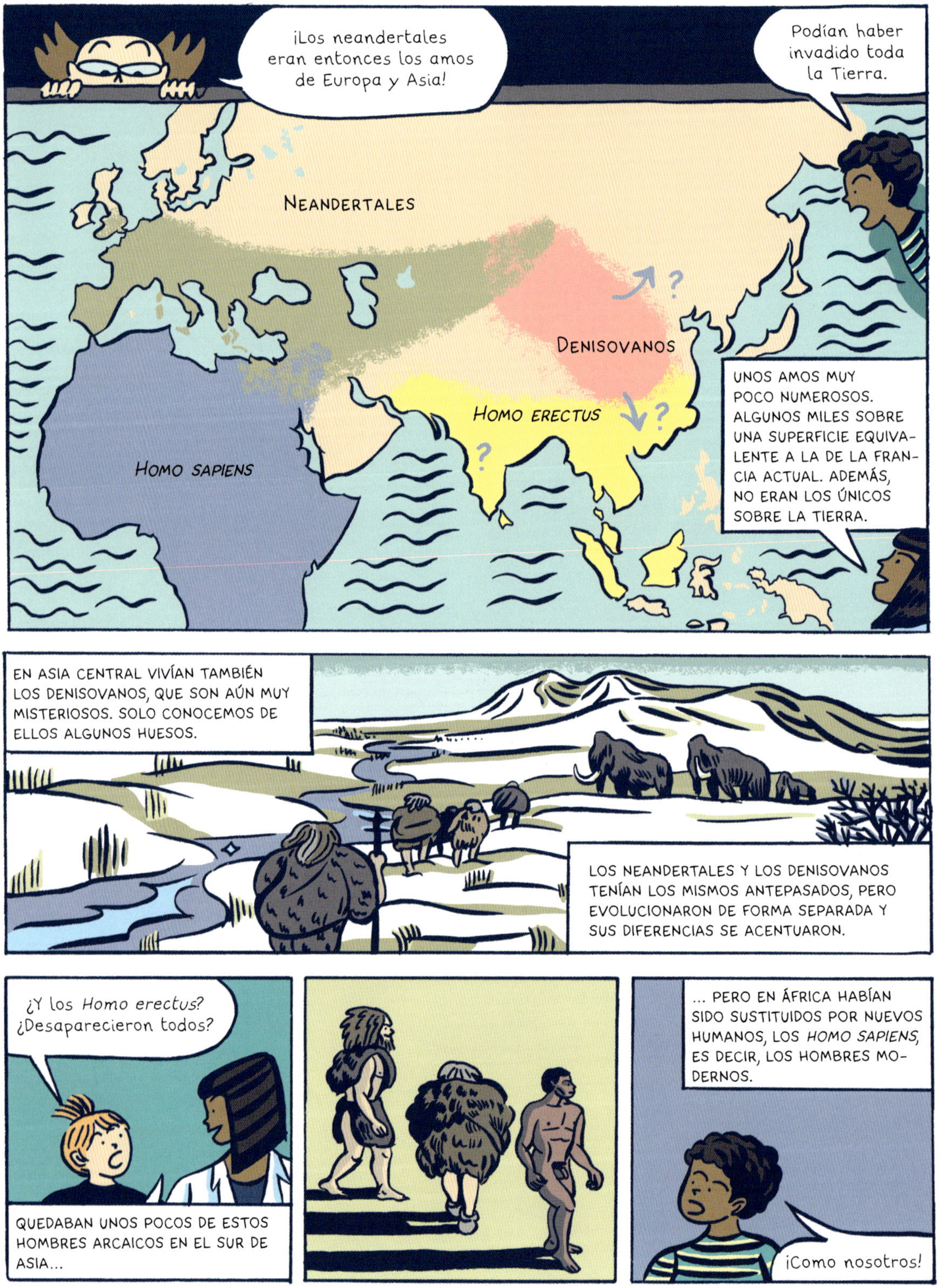
¡Los neandertales eran entonces los amos de Europa y Asia!
Podían haber invadido toda la Tierra.
NEANDERTALES
DENISOVANOS
HOMO ERECTUS
HOMO SAPIENS
UNOS AMOS MUY POCO NUMEROSOS. ALGUNOS MILES SOBRE UNA SUPERFICIE EQUIVALENTE A LA DE LA FRANCIA ACTUAL. ADEMÁS, NO ERAN LOS ÚNICOS SOBRE LA TIERRA.
EN ASIA CENTRAL VIVÍAN TAMBIÉN LOS DENISOVANOS, QUE SON AÚN MUY MISTERIOSOS. SOLO CONOCEMOS DE ELLOS ALGUNOS HUESOS.
LOS NEANDERTALES Y LOS DENISOVANOS TENÍAN LOS MISMOS ANTEPASADOS, PERO EVOLUCIONARON DE FORMA SEPARADA Y SUS DIFERENCIAS SE ACENTUARON.
¿Y los *Homo erectus*? ¿Desaparecieron todos?
QUEDABAN UNOS POCOS DE ESTOS HOMBRES ARCAICOS EN EL SUR DE ASIA...
... PERO EN ÁFRICA HABÍAN SIDO SUSTITUIDOS POR NUEVOS HUMANOS, LOS *HOMO SAPIENS*, ES DECIR, LOS HOMBRES MODERNOS.
¡Como nosotros!

INDONESIA
¿Los hombres arcaicos de Asia también evolucionaron y dieron lugar a una nueva especie?
PUEDE SER, PERO NO LOS CONOCEMOS BIEN. SÍ QUE HEMOS DESCUBIERTO RESTOS DE HOMBRES MUY PEQUEÑOS EN LA ISLA DE FLORES, EN INDONESIA.
APENAS LLEGAN AL METRO DE ALTURA.
¡Como los primeros *australopithecus*!
NO, SU CRÁNEO SE PARECÍA AL DEL *HOMO ERECTUS*. SABÍAN TALLAR HERRAMIENTAS DE PIEDRA.
DESCENDÍAN DE LOS *HOMO ERECTUS*, PERO SE VOLVIERON MÁS PEQUEÑOS POR CULPA DE SU AISLAMIENTO.
EL MISMO FENÓMENO SE PRODUJO EN LOS ANIMALES, COMO LOS STEGODONS.
Ni dos metros.
PERO TAMBIÉN TENÍAN QUE ENFRENTARSE A DEPREDADORES GIGANTES.

Hacia -40.000 años, los neandertales se enfrentaron a un acontecimiento para el que en absoluto estaban preparados.
APARECIERON NUEVOS HUMANOS, GRANDES, RÁPIDOS, HÁBILES... LOS NEANDERTALES LOS OBSERVARON, TAL VEZ LOS COPIARON.
¿Se llevaron bien?
SEGURO QUE A VECES SE ENFRENTARON, PERO VIVIERON EN LOS MISMOS TERRITORIOS DURANTE VARIOS MILES DE AÑOS.
Eran tan poco numerosos que no debieron encontrarse a menudo.
¿Entonces, por qué se extinguieron finalmente los neandertales?
PUEDE QUE NO SOPORTASEN LA COMPETENCIA DE LOS NUEVOS CAZADORES. EN CUALQUIER CASO, A PARTIR DE -35.000 AÑOS, NO ENCONTRAMOS EL MÁS MÍNIMO RASTRO DE ELLOS.
RESISTIERON A LAS GLACIACIONES Y SUPIERON ALIMENTARSE Y PROTEGERSE, PERO NO SUPIERON ADAPTARSE A ESTE CAMBIO.
DESAPARECIERON, Y JUNTO CON ELLOS, LOS DENISOVANOS Y LOS ÚLTIMOS HOMBRES ARCAICOS QUE HABÍAN SOBREVIVIDO HASTA ENTONCES.
Ya solo queda pues una especie humana sobre la Tierra, la nuestra.

HOMO SAPIENS
DE -300.000 A -10.000 AÑOS

Huesos rotos y guijarros. Es todo lo que nos queda del pasado de nuestra especie. Ay... nunca podremos saber nada de la forma de vida de nuestros antepasados.
AL CONTRARIO, ESTOS HUESOS Y GUIJARROS SON MUY HABLADORES. BASTA CON INTERROGARLOS.
¿?
RECONSTRUYENDO EL PUZLE DE ESQUIRLAS DE SÍLEX, REENCONTRAMOS LOS GESTOS QUE LAS HAN PRODUCIDO.
ENTONCES PODEMOS SABER SI EL ARTESANO ERA EXPERIMENTADO O UN PRINCIPIANTE, O SI ERA ZURDO O DIESTRO.
Arrgh, otra vez mal.
TAMBIÉN USAMOS LAS TÉCNICAS DE LA ARQUEOLOGÍA EXPERIMENTAL: FABRICAMOS LAS HERRAMIENTAS TAL COMO LAS IMAGINAMOS Y VERIFICAMOS CÓMO PODÍAN USARLAS.
SOBRE LOS HUESOS, LAS MARCAS DEJADAS POR LOS CUCHILLOS DE SÍLEX SON DIFERENTES DE LAS MARCAS PRODUCIDAS POR LOS DIENTES DE LOS CARNÍVOROS.
Y los sílex tampoco se usan de la misma forma si se han usado para cortar madera o piel.

LOS DIENTES TAMBIÉN SON MUY INTERESANTES.
A MEDIDA QUE CRECEN, EL ESMALTE SE DEPOSITA REGULARMENTE Y DA LUGAR A ESTRÍAS VISIBLES.
GRACIAS A LOS DIENTES, HEMOS PODIDO CONSTATAR QUE LOS NEANDERTALES TENÍAN UN DESARROLLO MÁS RÁPIDO QUE EL NUESTRO.
LA COMPOSICION QUÍMICA DE LOS DIENTES Y DE LOS HUESOS DE LOS HOMBRES VARÍA TAMBIEN SEGÚN SU ALIMENTACIÓN.
PODEMOS CONOCER LA PROPORCIÓN DE VEGETALES Y DE CARNE EN SU ALIMENTACIÓN Y HASTA SABER QUÉ ANIMALES COMÍAN.
ALGUNOS HUESOS MUESTRAN SIGNOS DE FRACTURAS QUE SE HAN CURADO O SIGNOS DE ENFERMEDAD.
INCLUSO SE HAN DETECTADO RESTOS DE PLANTAS MEDICINALES EN EL SARRO DENTAL.
Los hombres prehistóricos sabían curarse.
EL POLEN DE LAS PLANTAS SE CONSERVA MUY BIEN. OBSERVAMOS LA TIERRA QUE RODEA LOS HUESOS DE LOS HOMBRES PREHISTÓRICOS PARA PODER IDENTIFICAR LA VEGETACIÓN QUE CRECÍA EN SU ÉPOCA.
Podemos imaginarnos el paisaje que veían cada mañana al despertarse.

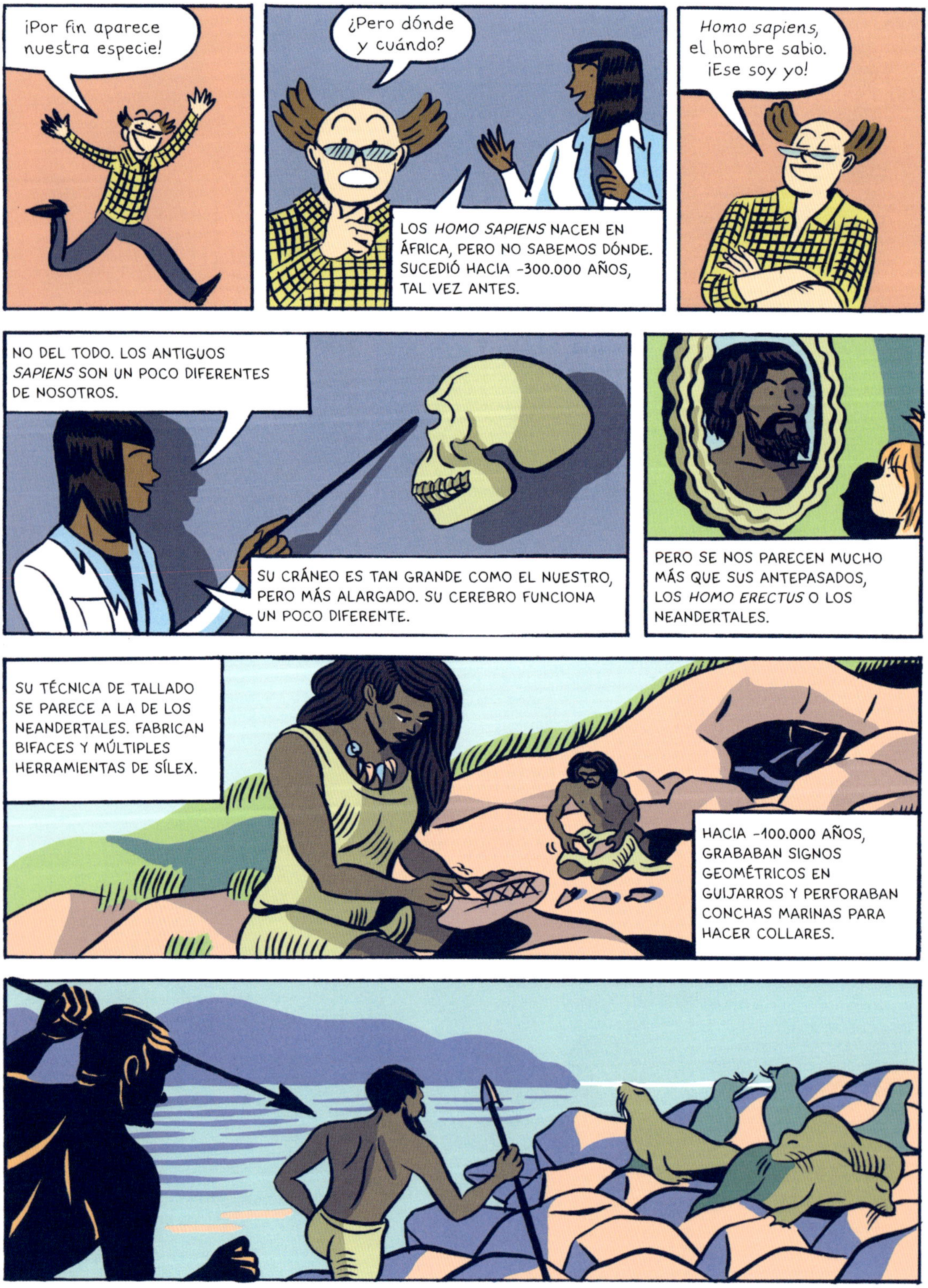
¡Por fin aparece nuestra especie!
¿Pero dónde y cuándo?
LOS *HOMO SAPIENS* NACEN EN ÁFRICA, PERO NO SABEMOS DÓNDE. SUCEDIÓ HACIA -300.000 AÑOS, TAL VEZ ANTES.
Homo sapiens, el hombre sabio. ¡Ese soy yo!
NO DEL TODO. LOS ANTIGUOS *SAPIENS* SON UN POCO DIFERENTES DE NOSOTROS.
SU CRÁNEO ES TAN GRANDE COMO EL NUESTRO, PERO MÁS ALARGADO. SU CEREBRO FUNCIONA UN POCO DIFERENTE.
PERO SE NOS PARECEN MUCHO MÁS QUE SUS ANTEPASADOS, LOS *HOMO ERECTUS* O LOS NEANDERTALES.
SU TÉCNICA DE TALLADO SE PARECE A LA DE LOS NEANDERTALES. FABRICAN BIFACES Y MÚLTIPLES HERRAMIENTAS DE SÍLEX.
HACIA -100.000 AÑOS, GRABABAN SIGNOS GEOMÉTRICOS EN GUIJARROS Y PERFORABAN CONCHAS MARINAS PARA HACER COLLARES.

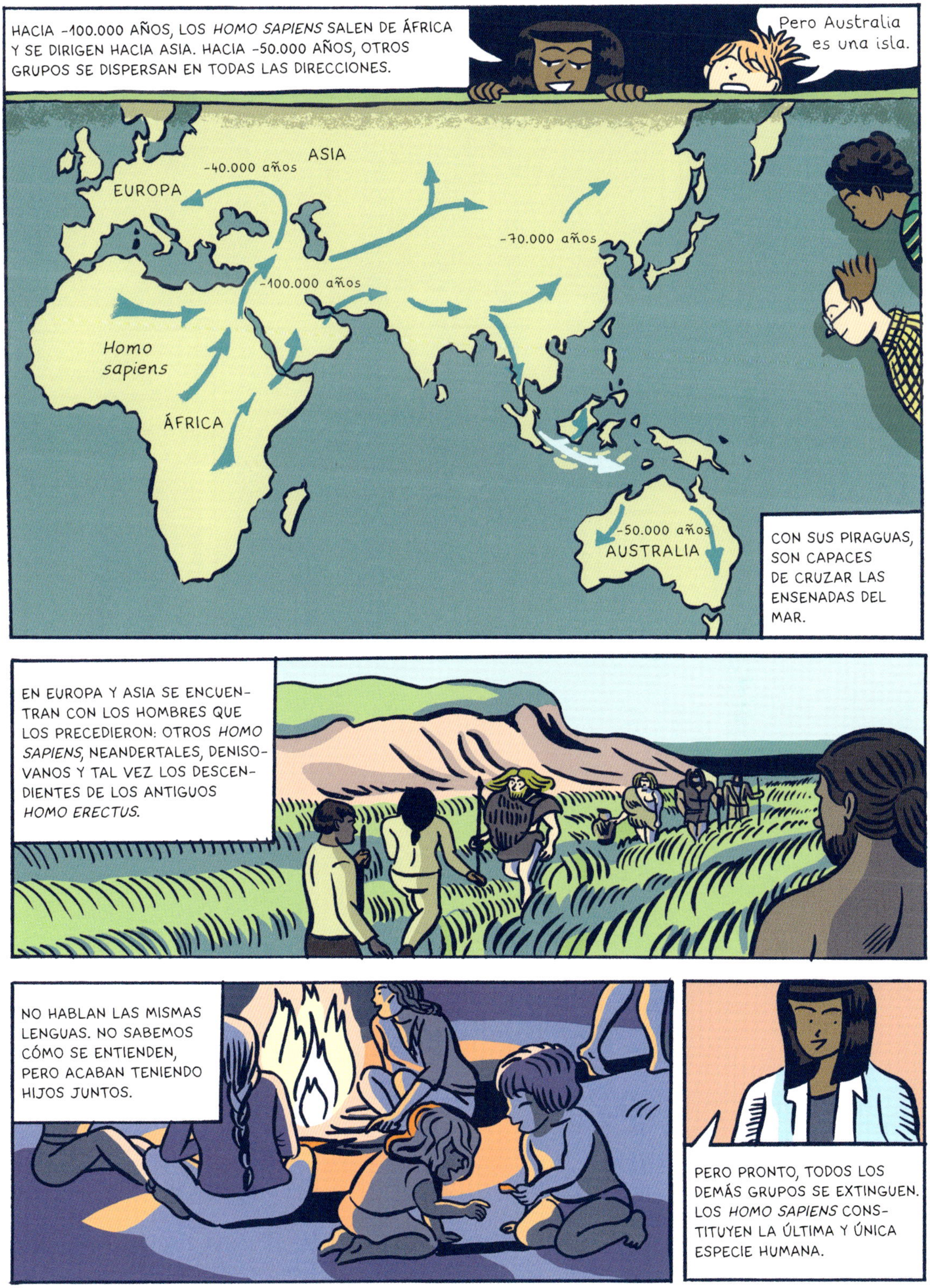
HACIA -100.000 AÑOS, LOS *HOMO SAPIENS* SALEN DE ÁFRICA Y SE DIRIGEN HACIA ASIA. HACIA -50.000 AÑOS, OTROS GRUPOS SE DISPERSAN EN TODAS LAS DIRECCIONES.
Pero Australia es una isla.
ASIA
-40.000 años
EUROPA
-70.000 años
-100.000 años
Homo sapiens
ÁFRICA
-50.000 años
AUSTRALIA
CON SUS PIRAGUAS, SON CAPACES DE CRUZAR LAS ENSENADAS DEL MAR.
EN EUROPA Y ASIA SE ENCUENTRAN CON LOS HOMBRES QUE LOS PRECEDIERON: OTROS *HOMO SAPIENS*, NEANDERTALES, DENISOVANOS Y TAL VEZ LOS DESCENDIENTES DE LOS ANTIGUOS *HOMO ERECTUS*.
NO HABLAN LAS MISMAS LENGUAS. NO SABEMOS CÓMO SE ENTIENDEN, PERO ACABAN TENIENDO HIJOS JUNTOS.
PERO PRONTO, TODOS LOS DEMÁS GRUPOS SE EXTINGUEN. LOS *HOMO SAPIENS* CONSTITUYEN LA ÚLTIMA Y ÚNICA ESPECIE HUMANA.

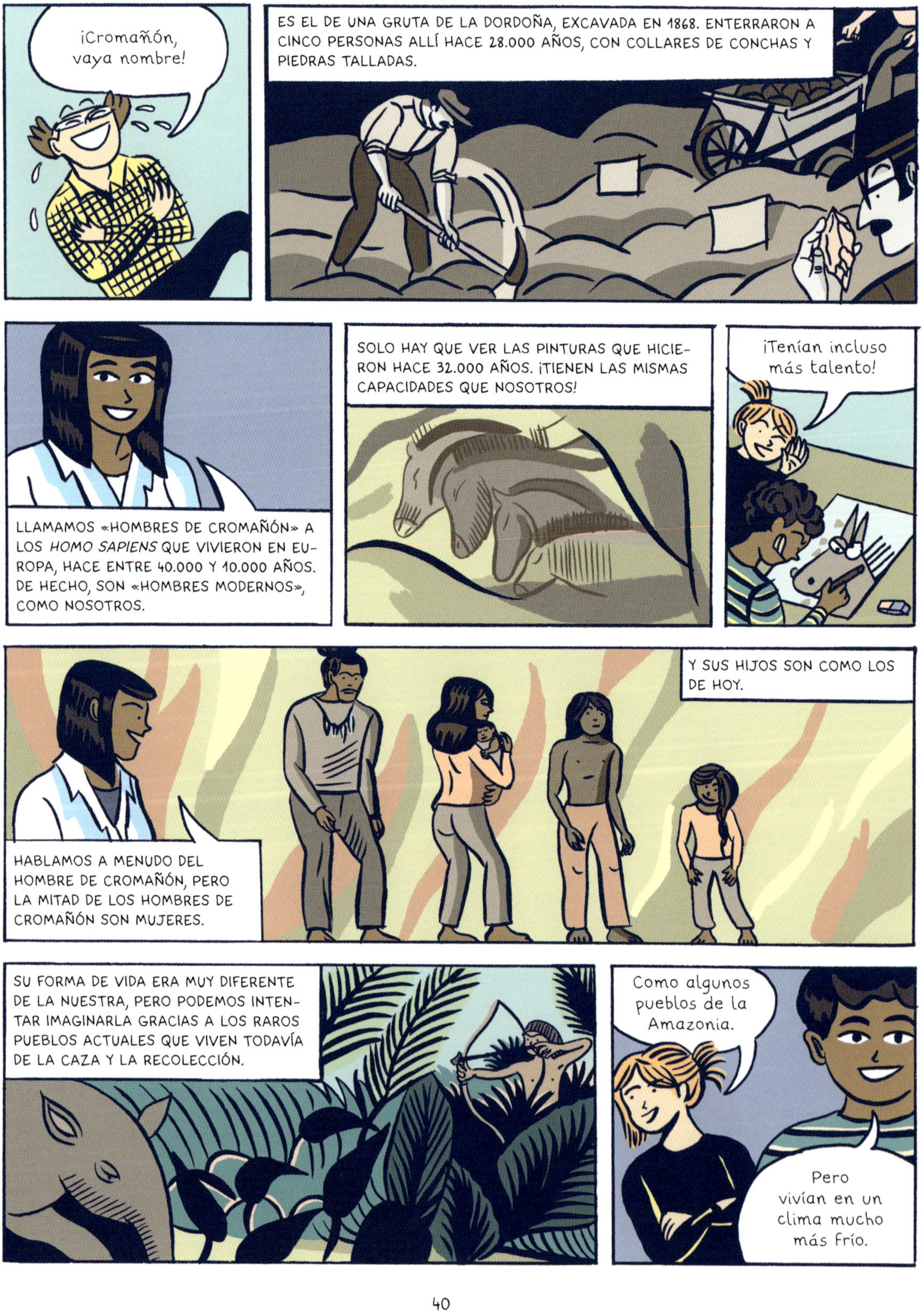
¡Cromañón, vaya nombre!
ES EL DE UNA GRUTA DE LA DORDOÑA, EXCAVADA EN 1868. ENTERRARON A CINCO PERSONAS ALLÍ HACE 28.000 AÑOS, CON COLLARES DE CONCHAS Y PIEDRAS TALLADAS.
LLAMAMOS «HOMBRES DE CROMAÑÓN» A LOS *HOMO SAPIENS* QUE VIVIERON EN EUROPA, HACE ENTRE 40.000 Y 10.000 AÑOS. DE HECHO, SON «HOMBRES MODERNOS», COMO NOSOTROS.
SOLO HAY QUE VER LAS PINTURAS QUE HICIERON HACE 32.000 AÑOS. ¡TIENEN LAS MISMAS CAPACIDADES QUE NOSOTROS!
¡Tenían incluso más talento!
HABLAMOS A MENUDO DEL HOMBRE DE CROMAÑÓN, PERO LA MITAD DE LOS HOMBRES DE CROMAÑÓN SON MUJERES.
Y SUS HIJOS SON COMO LOS DE HOY.
SU FORMA DE VIDA ERA MUY DIFERENTE DE LA NUESTRA, PERO PODEMOS INTENTAR IMAGINARLA GRACIAS A LOS RAROS PUEBLOS ACTUALES QUE VIVEN TODAVÍA DE LA CAZA Y LA RECOLECCIÓN.
Como algunos pueblos de la Amazonia.
Pero vivían en un clima mucho más frío.

¡Estamos en plena era glaciar! ¿Cómo pudieron los hombres adaptarse a este clima?
NO ES GLACIAR EN TODAS PARTES NI SIEMPRE. DEPENDIENDO DE LOS PERIODOS Y REGIONES, LA TEMPERATURA MEDIA ES ENTRE 5 Y 10 °C MÁS FRÍA QUE HOY.
Glaciares
Regiones desecadas por el descenso del nivel del mar
Regiones ocupadas por los hombres
LOS GLACIARES CUBREN LAS MONTAÑAS. UNA CAPA DE HIELO QUE ALCANZA LOS 2 KM DE GROSOR SE EXTIENDE SOBRE UNA GRAN PARTE DE INGLATERRA. COMO MUCHA AGUA SE HA CONVERTIDO EN HIELO, EL NIVEL DE LOS OCÉANOS BAJA CERCA DE 100 METROS.
EN EL NORTE DE FRANCIA, EL SUELO PERMANECE HELADO DURANTE TODO EL AÑO. LAS TUNDRAS Y LAS ESTEPAS DE HIERBAS ALTAS SE EXTIENDEN HASTA EL HORIZONTE, SIN UN ÁRBOL.
CABALLOS, RENOS Y MAMUTS ESTÁN BIEN ADAPTADOS A ESTE ENTORNO.
MÁS AL SUR, EL CLIMA ES MÁS SUAVE. LOS HOMBRES SE TRASLADARON A REFUGIOS DE ROCA.
CADA GRUPO COMPRENDE VARIAS DECENAS DE PERSONAS. CUANDO ESTÁ DEMASIADO POBLADO, SE DIVIDE EN DOS Y EL NUEVO GRUPO BUSCA OTRO HÁBITAT.

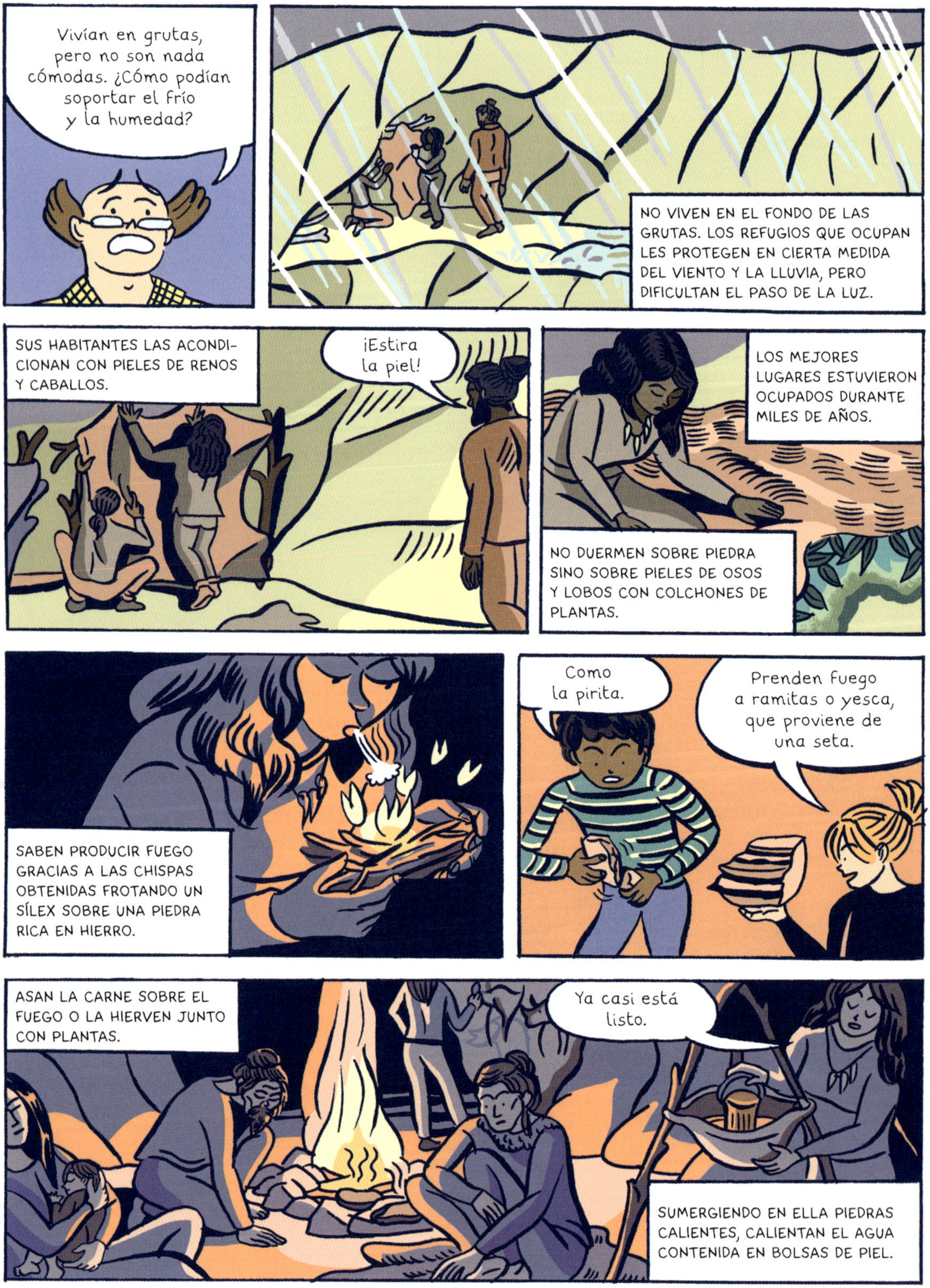
Vivían en grutas, pero no son nada cómodas. ¿Cómo podían soportar el frío y la humedad?
NO VIVEN EN EL FONDO DE LAS GRUTAS. LOS REFUGIOS QUE OCUPAN LES PROTEGEN EN CIERTA MEDIDA DEL VIENTO Y LA LLUVIA, PERO DIFICULTAN EL PASO DE LA LUZ.
SUS HABITANTES LAS ACONDICIONAN CON PIELES DE RENOS Y CABALLOS.
¡Estira la piel!
LOS MEJORES LUGARES ESTUVIERON OCUPADOS DURANTE MILES DE AÑOS.
NO DUERMEN SOBRE PIEDRA SINO SOBRE PIELES DE OSOS Y LOBOS CON COLCHONES DE PLANTAS.
SABEN PRODUCIR FUEGO GRACIAS A LAS CHISPAS OBTENIDAS FROTANDO UN SÍLEX SOBRE UNA PIEDRA RICA EN HIERRO.
Como la pirita.
Prenden fuego a ramitas o yesca, que proviene de una seta.
ASAN LA CARNE SOBRE EL FUEGO O LA HIERVEN JUNTO CON PLANTAS.
Ya casi está listo.
SUMERGIENDO EN ELLA PIEDRAS CALIENTES, CALIENTAN EL AGUA CONTENIDA EN BOLSAS DE PIEL.

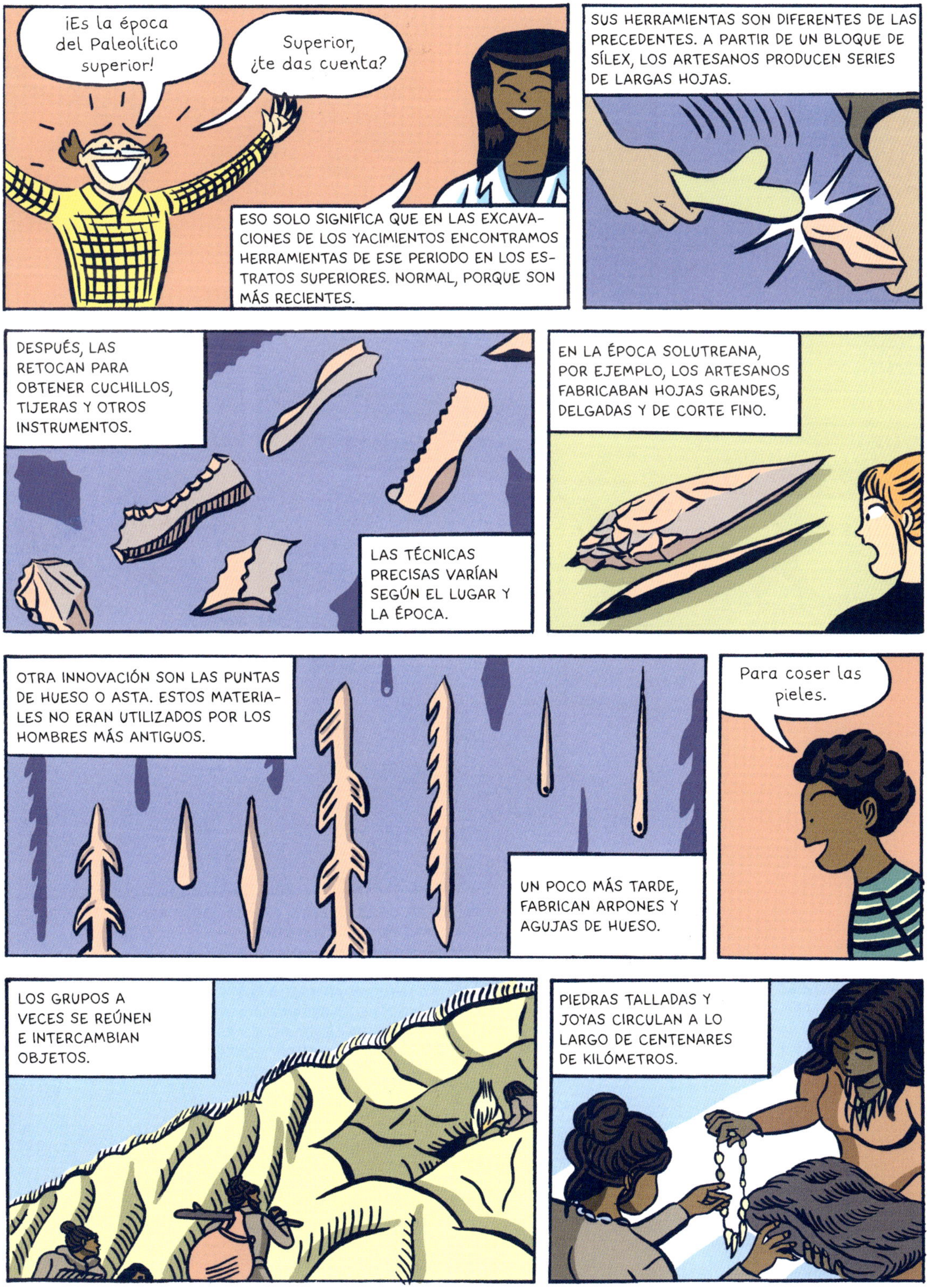
¡Es la época del Paleolítico superior!
Superior, ¿te das cuenta?
ESO SOLO SIGNIFICA QUE EN LAS EXCAVACIONES DE LOS YACIMIENTOS ENCONTRAMOS HERRAMIENTAS DE ESE PERIODO EN LOS ESTRATOS SUPERIORES. NORMAL, PORQUE SON MÁS RECIENTES.
SUS HERRAMIENTAS SON DIFERENTES DE LAS PRECEDENTES. A PARTIR DE UN BLOQUE DE SÍLEX, LOS ARTESANOS PRODUCEN SERIES DE LARGAS HOJAS.
DESPUÉS, LAS RETOCAN PARA OBTENER CUCHILLOS, TIJERAS Y OTROS INSTRUMENTOS.
LAS TÉCNICAS PRECISAS VARÍAN SEGÚN EL LUGAR Y LA ÉPOCA.
EN LA ÉPOCA SOLUTREANA, POR EJEMPLO, LOS ARTESANOS FABRICABAN HOJAS GRANDES, DELGADAS Y DE CORTE FINO.
OTRA INNOVACIÓN SON LAS PUNTAS DE HUESO O ASTA. ESTOS MATERIALES NO ERAN UTILIZADOS POR LOS HOMBRES MÁS ANTIGUOS.
UN POCO MÁS TARDE, FABRICAN ARPONES Y AGUJAS DE HUESO.
Para coser las pieles.
LOS GRUPOS A VECES SE REÚNEN E INTERCAMBIAN OBJETOS.
PIEDRAS TALLADAS Y JOYAS CIRCULAN A LO LARGO DE CENTENARES DE KILÓMETROS.

Cuando hay riesgo de escasez de caza, los habitantes del refugio se ponen de nuevo en marcha, siguiendo el rastro de los grandes rebaños.
ENTONCES HAY QUE LLEVÁRSELO TODO: PIELES, HERRAMIENTAS, ARMAS, PROVISIONES...
PUEDE QUE ESTA SEA LA PRIMERA FUNCIÓN DE LOS PERROS, LOS LOBOS QUE EMPIEZAN A DOMESTICAR.
CUANDO LLEGAN A LOS LUGARES DE CAZA, LOS NÓMADAS INSTALAN SUS TIENDAS DURANTE UNOS DÍAS O UNOS MESES.
Como los indios de las llanuras de América.
LOS PROPULSORES, OTRO INVENTO, ENVÍAN LAS AZAGAYAS CON FUERZA Y PRECISIÓN A MÁS DE TREINTA METROS.
ES PROBABLE QUE LOS HOMBRES FUERAN LOS ÚNICOS QUE CAZAN ANIMALES GRANDES, PERO LAS MUJERES JUGARON UN PAPEL ESENCIAL EN LA ALIMENTACIÓN.
CAPTURAN ANIMALES PEQUEÑOS Y RECOLECTAN PLANTAS COMESTIBLES. ES MENOS ESPECTACULAR, PERO IMPORTANTE TAMBIÉN PARA LA COMIDA DIARIA.

SU PRESA FAVORITA ES EL RENO: UN ANIMAL POCO PELIGROSO QUE VIVE EN LAS VASTAS PRADERAS.
A cada animal sacrificado se le agradecían todos los beneficios que aportaba al grupo.

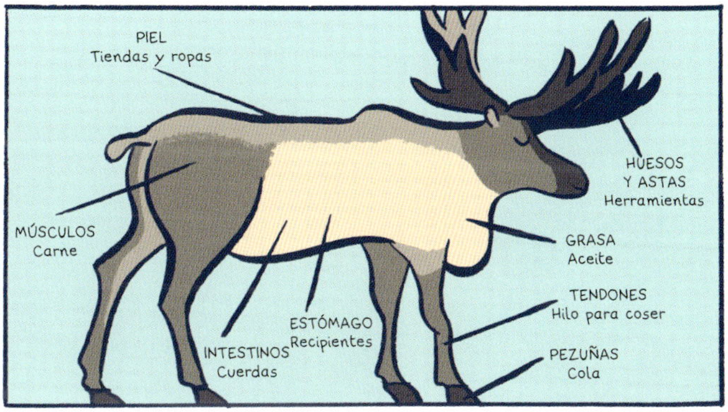
PIEL
Tiendas y ropas
MÚSCULOS
Carne
INTESTINOS
Cuerdas
ESTÓMAGO
Recipientes
HUESOS
Y ASTAS
Herramientas
GRASA
Aceite
TENDONES
Hilo para coser
PEZUÑAS
Cola

OTROS ANIMALES DE CAZA COMÚN, CABRAS MONTESAS Y CABALLOS.
TAMBIÉN CAZAN ANIMALES MÁS GRANDES, COMO EL MEGACEROS, UN CIERVO GIGANTE CUYAS ASTAS PUEDEN ALCANZAR LOS 3,70 METROS DE ENVERGADURA. Y A VECES UN RINOCERONTE O UN MAMUT, TAL VEZ ATRAPÁNDOLOS EN FOSAS.
CAPTURAN ANIMALES DE PIEL GRUESA PARA HACERSE FORROS CALIENTES PARA LA ROPA.
MATAN A OTROS PARA HACER ADORNOS CON SUS DIENTES O PLUMAS.

EN SIBERIA, COMO LOS ÁRBOLES SON RAROS, LOS HOMBRES USAN HUESOS DE MAMUT PARA CONSTRUIR CABAÑAS.
TAMBIÉN RECUPERAN LOS HUESOS CONSERVADOS EN EL SUELO HELADO DESDE HACE MILES DE AÑOS.

Algunos hombres se especializan y se vuelven pintores y escultores, verdaderos artistas.
¡HOMBRES O MUJERES! CON LAS HERRAMIENTAS DE SÍLEX GRABAN HUESOS O MARFIL PARA DECORAR LOS OBJETOS DEL DÍA A DÍA.
POCAS VECES CONOCEMOS EL SIGNIFICADO DE SUS OBRAS. ESTA ESTATUILLA LA ESCULPIERON EN MARFIL HACE 30.000 AÑOS.
¿ES UN HOMBRE QUE LLEVA UNA MÁSCARA, UN BRUJO? ¿O UN DIOS CON CUERPO DE HOMBRE Y CABEZA DE LEÓN?
¿LAS «VENUS» SON DIOSAS DEL AMOR O UN SÍMBOLO DE LAS MUJERES, LAS ÚNICAS CAPACES DE DAR A LUZ?
DECORAN TAMBIÉN SUS OBJETOS CON OCRES, ES DECIR, ARGILAS DE DIFERENTES COLORES O CON CARBÓN VEGETAL.
También los usan para pintarse el cuerpo.
DIBUJAN SOBRE LAS CORTEZAS DE LOS ÁRBOLES O SOBRE PIELES DE ANIMALES. ESCULPEN MADERA Y CUERNOS, PERO TODOS ESTOS MATERIALES SON FRÁGILES Y HAN DESAPARECIDO.
TAMPOCO SABEMOS NADA DE LAS MÚSICAS QUE CREARON.

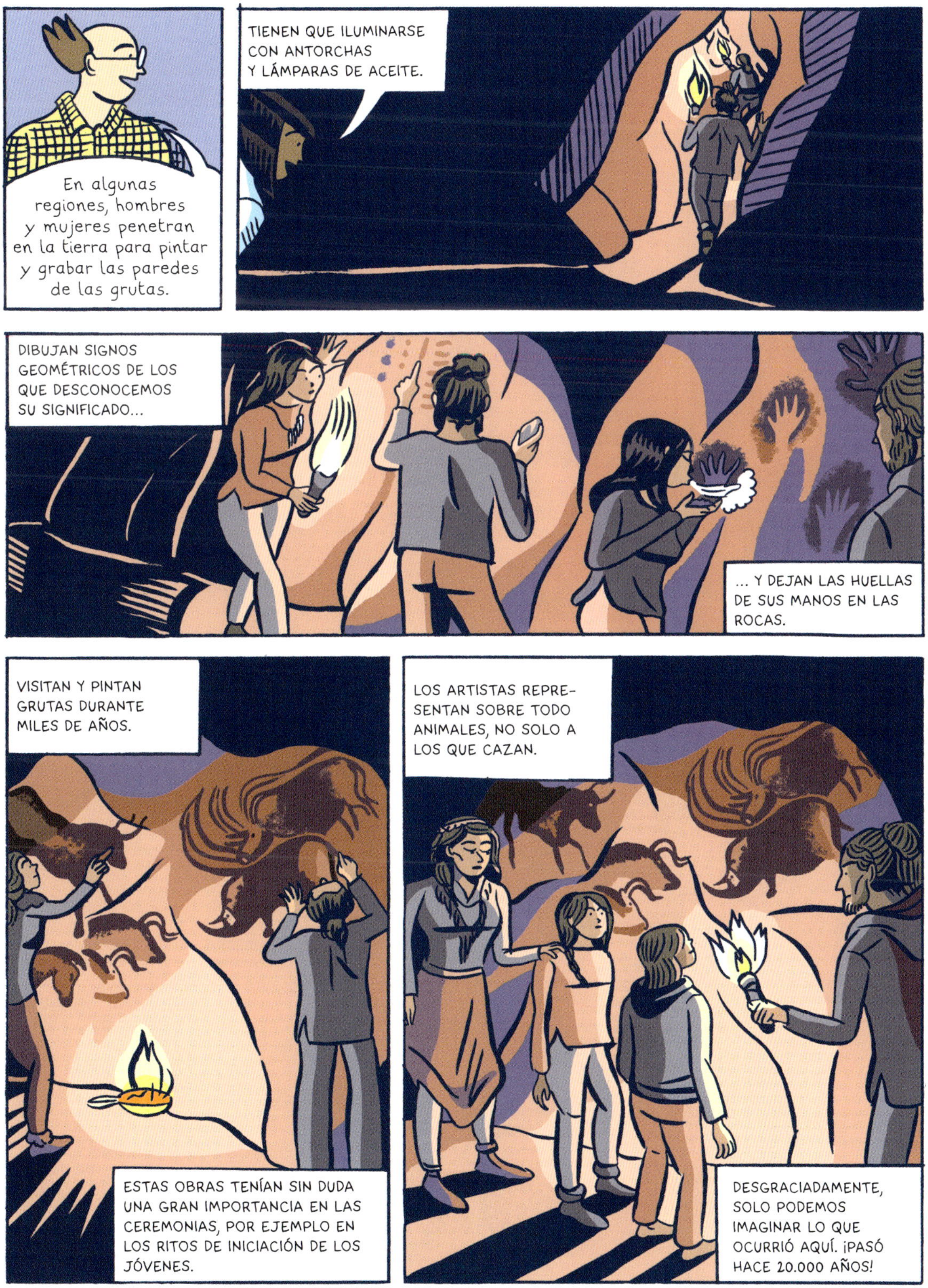
En algunas regiones, hombres y mujeres penetran en la tierra para pintar y grabar las paredes de las grutas.
TIENEN QUE ILUMINARSE CON ANTORCHAS Y LÁMPARAS DE ACEITE.
DIBUJAN SIGNOS GEOMÉTRICOS DE LOS QUE DESCONOCEMOS SU SIGNIFICADO...
... Y DEJAN LAS HUELLAS DE SUS MANOS EN LAS ROCAS.
VISITAN Y PINTAN GRUTAS DURANTE MILES DE AÑOS.
ESTAS OBRAS TENÍAN SIN DUDA UNA GRAN IMPORTANCIA EN LAS CEREMONIAS, POR EJEMPLO EN LOS RITOS DE INICIACIÓN DE LOS JÓVENES.
LOS ARTISTAS REPRE-SENTAN SOBRE TODO ANIMALES, NO SOLO A LOS QUE CAZAN.
DESGRACIADAMENTE, SOLO PODEMOS IMAGINAR LO QUE OCURRIÓ AQUÍ. ¡PASÓ HACE 20.000 AÑOS!

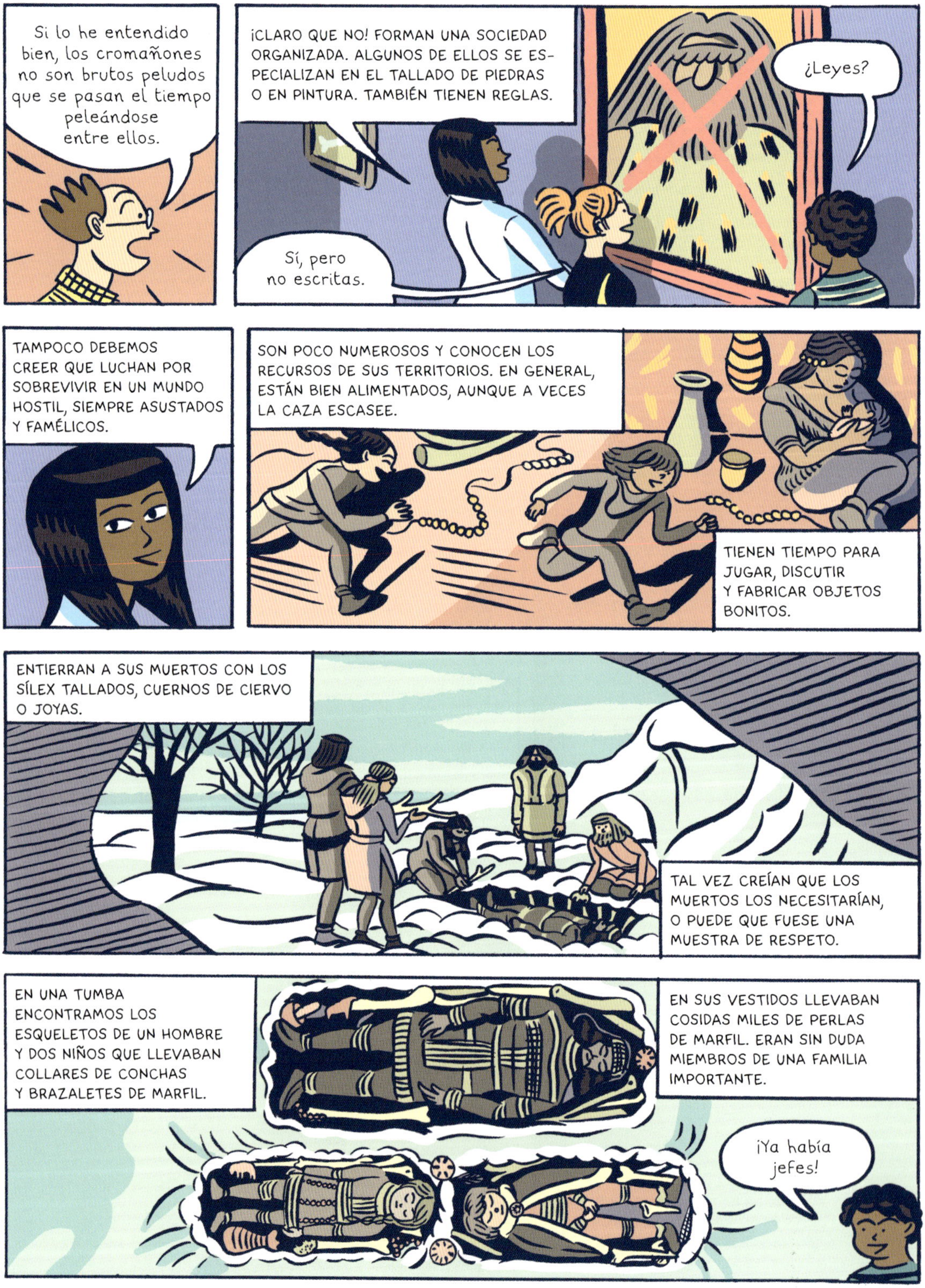
Si lo he entendido bien, los cromañones no son brutos peludos que se pasan el tiempo peleándose entre ellos.
¡CLARO QUE NO! FORMAN UNA SOCIEDAD ORGANIZADA. ALGUNOS DE ELLOS SE ESPECIALIZAN EN EL TALLADO DE PIEDRAS O EN PINTURA. TAMBIÉN TIENEN REGLAS.
¿Leyes?
Sí, pero no escritas.
TAMPOCO DEBEMOS CREER QUE LUCHAN POR SOBREVIVIR EN UN MUNDO HOSTIL, SIEMPRE ASUSTADOS Y FAMÉLICOS.
SON POCO NUMEROSOS Y CONOCEN LOS RECURSOS DE SUS TERRITORIOS. EN GENERAL, ESTÁN BIEN ALIMENTADOS, AUNQUE A VECES LA CAZA ESCASEE.
TIENEN TIEMPO PARA JUGAR, DISCUTIR Y FABRICAR OBJETOS BONITOS.
ENTIERRAN A SUS MUERTOS CON LOS SÍLEX TALLADOS, CUERNOS DE CIERVO O JOYAS.
TAL VEZ CREÍAN QUE LOS MUERTOS LOS NECESITARÍAN, O PUEDE QUE FUESE UNA MUESTRA DE RESPETO.
EN UNA TUMBA ENCONTRAMOS LOS ESQUELETOS DE UN HOMBRE Y DOS NIÑOS QUE LLEVABAN COLLARES DE CONCHAS Y BRAZALETES DE MARFIL.
EN SUS VESTIDOS LLEVABAN COSIDAS MILES DE PERLAS DE MARFIL. ERAN SIN DUDA MIEMBROS DE UNA FAMILIA IMPORTANTE.
¡Ya había jefes!

Durante este tiempo, los *Homo sapiens* de Asia siguieron su camino y ocuparon nuevas tierras.
ALGUNOS DE ELLOS LLEGARON AL NORESTE Y CRUZARON EL ESTRECHO DE BERING, QUE HOY SEPARA SIBERIA (RUSIA) DE ALASKA (ESTADOS UNIDOS).
SIBERIA
ALASKA
continentes
tierras emergentes
glaciares
DE ESTO HACE ALREDEDOR DE 15.000 AÑOS, PUEDE QUE HASTA MÁS.
SE APROVECHARON DE LA BAJADA DEL NIVEL DEL MAR, YA QUE EL ESTRECHO ESTABA SECO ENTONCES.
NO SABEMOS SI PASARON ENTRE DOS ENORMES GLACIARES O SI NAVEGARON A LO LARGO DE LAS COSTAS.
CAZABAN RENOS, PERO TAMBIÉN MASTODONTES (ELEFANTES AMERICANOS) Y SOBRE TODO BISONTES.
TENÍAN QUE PROTEGERSE DE LOS GRANDES DEPREDADORES, COMO EL OSO O EL *SMILODON*, UN FELINO CON DIENTES DE SABLE.
EN AMÉRICA DEL SUR, OCUPARON TODOS LOS ENTORNOS, DESDE LOS BOSQUES ECUATORIALES HASTA LOS MACIZOS DE LOS ANDES.
TAMBIÉN ENCONTRARON NUEVOS ANIMALES PARA CAZAR, COMO EL *GLYPTODON* (ARMADILLO GIGANTE) O EL MEGATERIO (PEREZOSO GIGANTE).

Hace 12.000 años, el clima glaciar cedió paso a un clima más agradable. Los glaciares retrocedieron y el bosque apareció en tierras hasta entonces heladas.
LOS PAISAJES SE TRANSFORMARON RÁPIDAMENTE. LOS CAZADORES RECOLECTORES TUVIERON QUE ADAPTARSE A ESTE NUEVO ENTORNO.
LOS GRANDES COMEDORES DE HIERBA, COMO LOS RINOCERONTES Y LOS MAMUTS, DESAPARECIERON POR TODO EL MUNDO. LA VEGETACIÓN HABÍA CAMBIADO Y YA NO LES IBA BIEN.
SIN DUDA, LOS CAZADORES ACELERARON SU EXTINCIÓN.
SU MODO DE VIDA Y SU CULTURA CAMBIARON. TALLABAN PIEDRAS MUY PEQUEÑAS QUE SERVÍAN COMO PUNTAS DE FLECHAS, YA QUE CAZABAN CON ARCO.
EN LAS PAREDES DE LOS ACANTILADOS, LOS ARTISTAS DIBUJABAN CADA VEZ MÁS SERES HUMANOS.
TAMBIÉN FABRICABAN ANZUELOS Y NANSAS PARA LA PESCA EN AGUA DULCE Y EN EL MAR.
Desgraciadamente, como el clima era más cálido y húmedo, sus objetos se conservaban mal.

EL FIN DE LA PREHISTORIA
DE -10.000 A -3.000 AÑOS

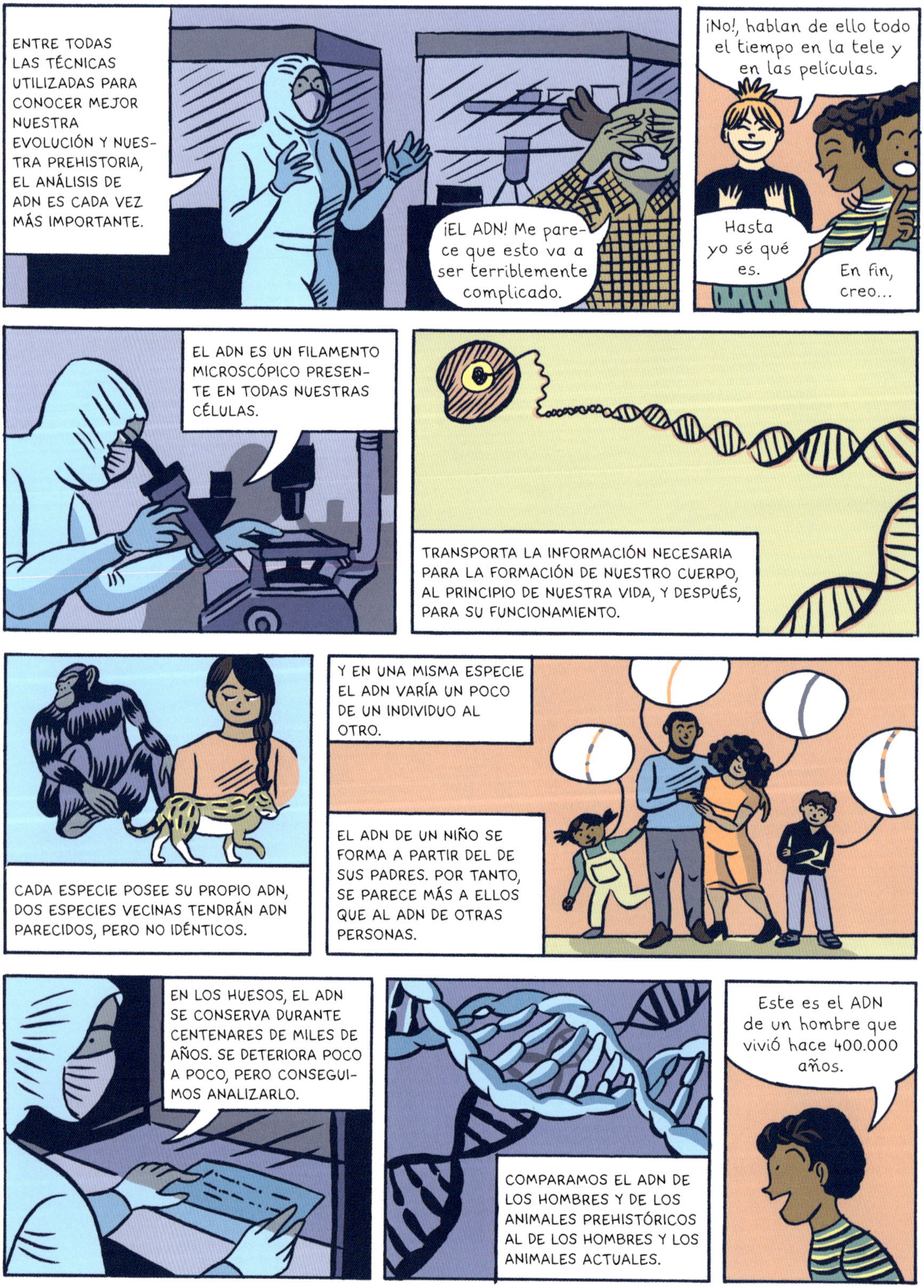
ENTRE TODAS LAS TÉCNICAS UTILIZADAS PARA CONOCER MEJOR NUESTRA EVOLUCIÓN Y NUESTRA PREHISTORIA, EL ANÁLISIS DE ADN ES CADA VEZ MÁS IMPORTANTE.
¡EL ADN! Me parece que esto va a ser terriblemente complicado.
¡No!, hablan de ello todo el tiempo en la tele y en las películas.
Hasta yo sé qué es.
En fin, creo...
EL ADN ES UN FILAMENTO MICROSCÓPICO PRESENTE EN TODAS NUESTRAS CÉLULAS.
TRANSPORTA LA INFORMACIÓN NECESARIA PARA LA FORMACIÓN DE NUESTRO CUERPO, AL PRINCIPIO DE NUESTRA VIDA, Y DESPUÉS, PARA SU FUNCIONAMIENTO.
CADA ESPECIE POSEE SU PROPIO ADN, DOS ESPECIES VECINAS TENDRÁN ADN PARECIDOS, PERO NO IDÉNTICOS.
Y EN UNA MISMA ESPECIE EL ADN VARÍA UN POCO DE UN INDIVIDUO AL OTRO.
EL ADN DE UN NIÑO SE FORMA A PARTIR DEL DE SUS PADRES. POR TANTO, SE PARECE MÁS A ELLOS QUE AL ADN DE OTRAS PERSONAS.
EN LOS HUESOS, EL ADN SE CONSERVA DURANTE CENTENARES DE MILES DE AÑOS. SE DETERIORA POCO A POCO, PERO CONSEGUIMOS ANALIZARLO.
COMPARAMOS EL ADN DE LOS HOMBRES Y DE LOS ANIMALES PREHISTÓRICOS AL DE LOS HOMBRES Y LOS ANIMALES ACTUALES.
Este es el ADN de un hombre que vivió hace 400.000 años.

A VECES ENCONTRAMOS ADN EN EL SUELO DE LAS GRUTAS: ENTONCES SABEMOS QUÉ ANIMALES VIVÍAN O SE COMÍAN ALLÍ.
EL ADN ATRAPADO EN EL SARRO DE LOS DIENTES DEL HOMBRE PREHISTÓRICO REVELA SU DIETA.
A PARTIR DEL ADN AISLADO DE LOS HUESOS DE VARIOS NEANDERTALES, SE HA PODIDO COMPROBAR QUE LOS HOMBRES ESTABAN EMPARENTADOS...
... Y QUE LAS MUJERES VENÍAN DE OTROS GRUPOS. UNA FORMA DE EVITAR LAS UNIONES ENTRE PARIENTES CERCANOS.
TAMBIÉN HEMOS COMPARADO EL ADN DE LOS CROMAÑONES Y EL DE LOS HUMANOS ACTUALES.
ES ASÍ COMO HEMOS DESCUBIERTO QUE NUESTROS ANTEPASADOS TUVIERON HIJOS CON LOS NEANDERTALES. TODOS LLEVAMOS CON NOSOTROS UN POCO DE ADN NEANDERTAL.
¿Estás segura de que yo también tengo?
SI COMPARAMOS EL ADN DE LOS PUEBLOS ACTUALES, PODEMOS DEDUCIR QUE TODOS LOS HUMANOS PROVIENEN DE UN MISMO GRUPO QUE VIVÍA EN ÁFRICA, HACE ENTRE 200 Y 300.000 AÑOS.
ESTO CONFIRMA LO QUE NOS MUESTRAN LOS ESQUELETOS FÓSILES.

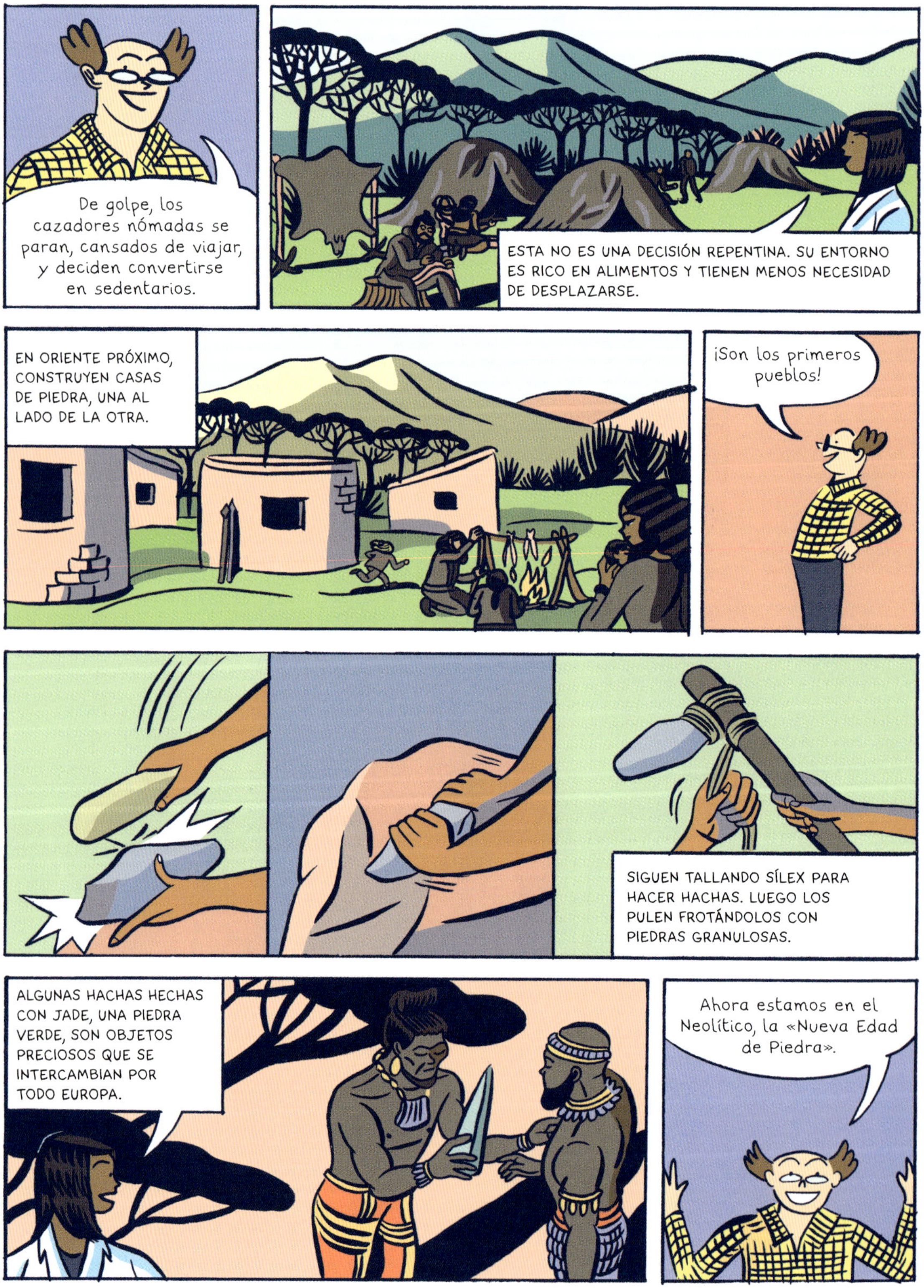
De golpe, los cazadores nómadas se paran, cansados de viajar, y deciden convertirse en sedentarios.
ESTA NO ES UNA DECISIÓN REPENTINA. SU ENTORNO ES RICO EN ALIMENTOS Y TIENEN MENOS NECESIDAD DE DESPLAZARSE.
EN ORIENTE PRÓXIMO, CONSTRUYEN CASAS DE PIEDRA, UNA AL LADO DE LA OTRA.
¡Son los primeros pueblos!
SIGUEN TALLANDO SÍLEX PARA HACER HACHAS. LUEGO LOS PULEN FROTÁNDOLOS CON PIEDRAS GRANULOSAS.
ALGUNAS HACHAS HECHAS CON JADE, UNA PIEDRA VERDE, SON OBJETOS PRECIOSOS QUE SE INTERCAMBIAN POR TODO EUROPA.
Ahora estamos en el Neolítico, la «Nueva Edad de Piedra».

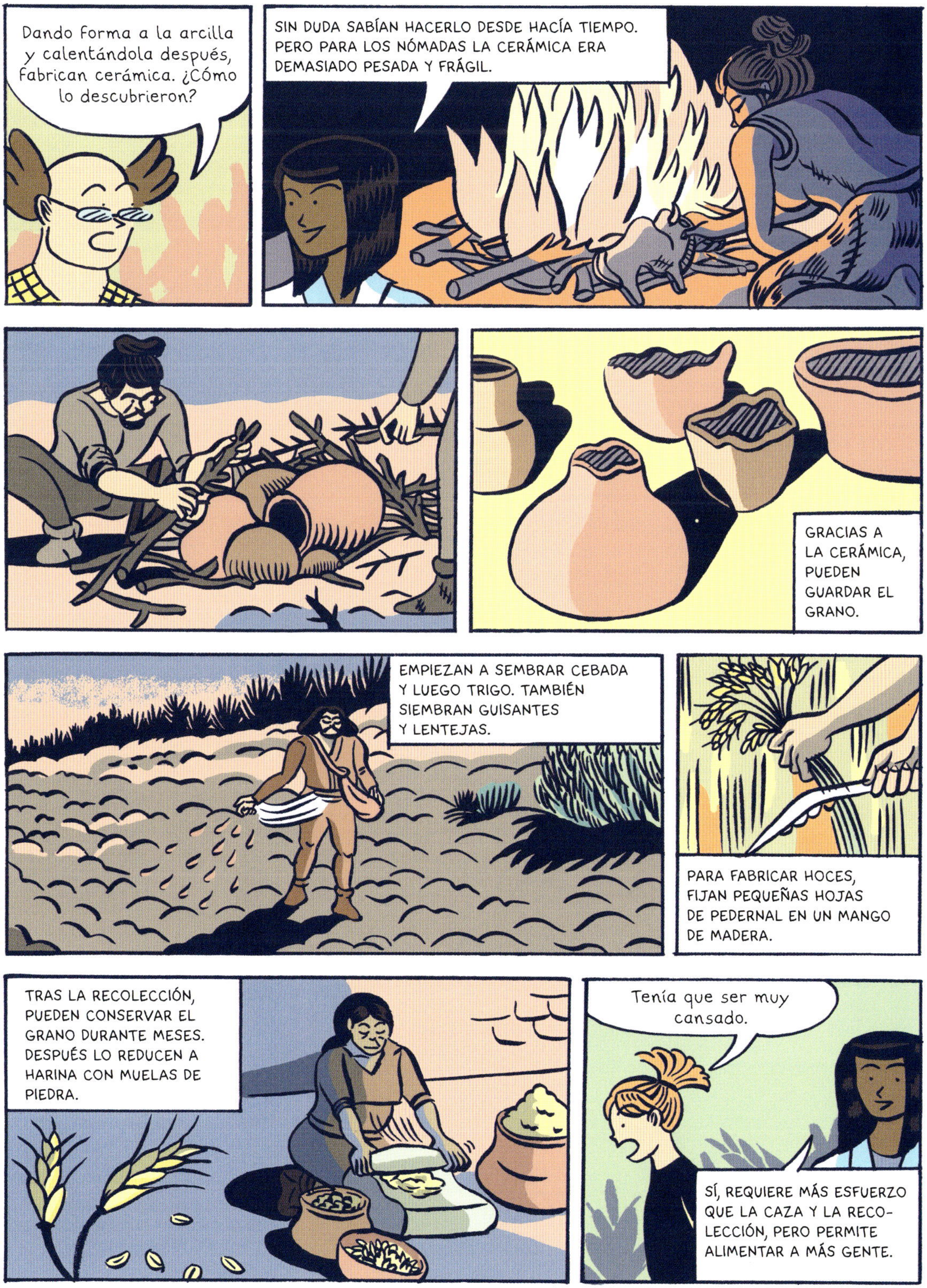
Dando forma a la arcilla y calentándola después, fabrican cerámica. ¿Cómo lo descubrieron?
SIN DUDA SABÍAN HACERLO DESDE HACÍA TIEMPO. PERO PARA LOS NÓMADAS LA CERÁMICA ERA DEMASIADO PESADA Y FRÁGIL.
GRACIAS A LA CERÁMICA, PUEDEN GUARDAR EL GRANO.
EMPIEZAN A SEMBRAR CEBADA Y LUEGO TRIGO. TAMBIÉN SIEMBRAN GUISANTES Y LENTEJAS.
PARA FABRICAR HOCES, FIJAN PEQUEÑAS HOJAS DE PEDERNAL EN UN MANGO DE MADERA.
TRAS LA RECOLECCIÓN, PUEDEN CONSERVAR EL GRANO DURANTE MESES. DESPUÉS LO REDUCEN A HARINA CON MUELAS DE PIEDRA.
Tenía que ser muy cansado.
SÍ, REQUIERE MÁS ESFUERZO QUE LA CAZA Y LA RECOLECCIÓN, PERO PERMITE ALIMENTAR A MÁS GENTE.

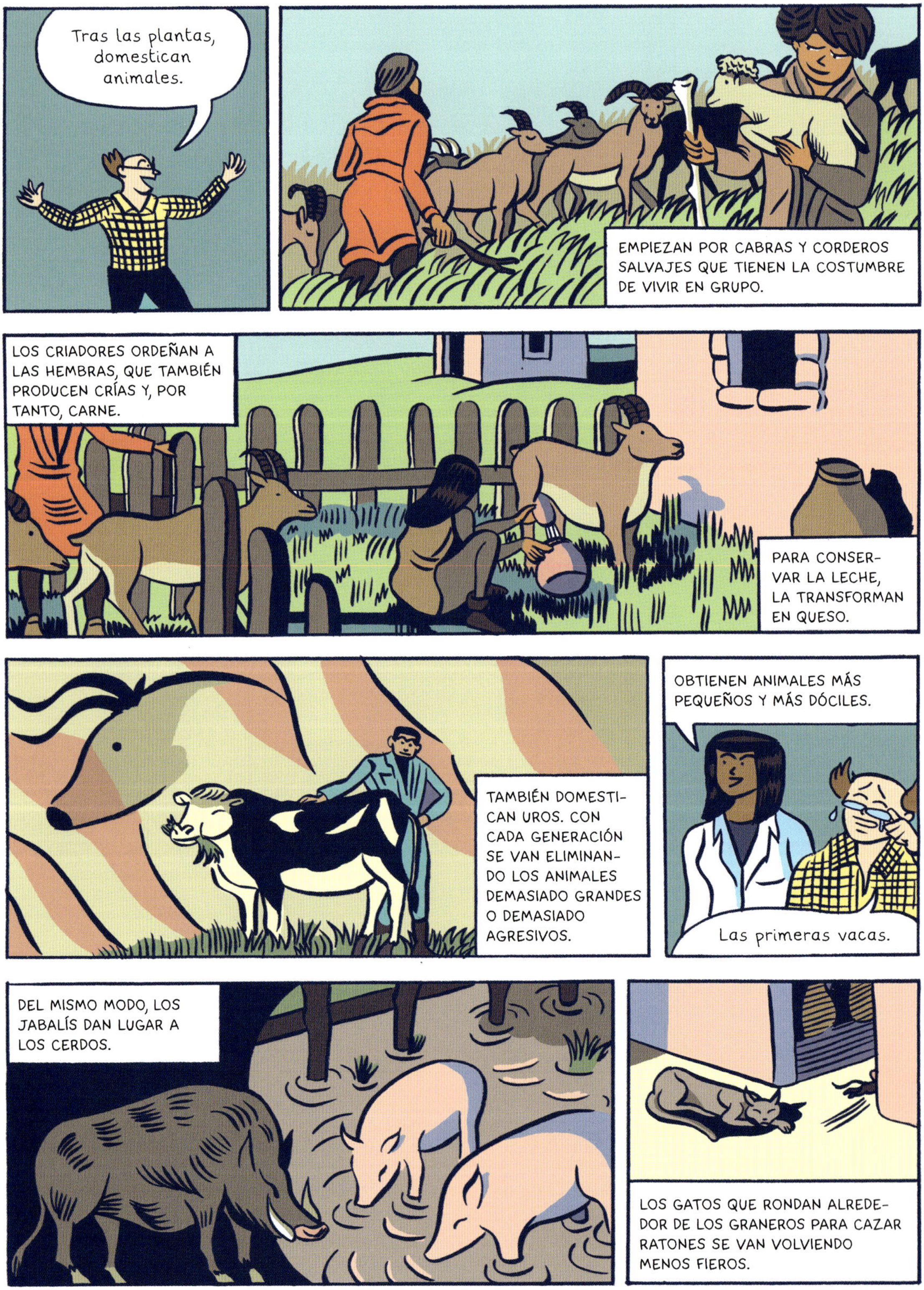
Tras las plantas, domestican animales.
EMPIEZAN POR CABRAS Y CORDEROS SALVAJES QUE TIENEN LA COSTUMBRE DE VIVIR EN GRUPO.
LOS CRIADORES ORDEÑAN A LAS HEMBRAS, QUE TAMBIÉN PRODUCEN CRÍAS Y, POR TANTO, CARNE.
PARA CONSERVAR LA LECHE, LA TRANSFORMAN EN QUESO.
TAMBIÉN DOMESTICAN UROS. CON CADA GENERACIÓN SE VAN ELIMINANDO LOS ANIMALES DEMASIADO GRANDES O DEMASIADO AGRESIVOS.
OBTIENEN ANIMALES MÁS PEQUEÑOS Y MÁS DÓCILES.
Las primeras vacas.
DEL MISMO MODO, LOS JABALÍS DAN LUGAR A LOS CERDOS.
LOS GATOS QUE RONDAN ALREDEDOR DE LOS GRANEROS PARA CAZAR RATONES SE VAN VOLVIENDO MENOS FIEROS.

Los cazadores inventan la agricultura: ¡una auténtica revolución!
LOS HUMANOS INVENTAN UN MODO DE VIDA MUY DIFERENTE AL DE SUS ANCESTROS. ES EL PRINCIPIO DE LA CIVILIZACIÓN EN LA QUE VIVIMOS HOY DÍA.
PUEDE QUE GRACIAS A QUE EL CLIMA SE SUAVIZÓ, ESTA REVOLUCIÓN «AGRÍCOLA» LLEGÓ A MUCHAS REGIONES DEL MUNDO.
pavo
llama
cerdo
vaca
cordero
cabra
asno
camello
cerdo
cebú
gallina
Los pavos vienen de América.
Y las gallinas de China.
ESTE NUEVO MODO DE VIDA REQUIERE MUCHO ESPACIO PARA LOS CULTIVOS Y EL GANADO. Y SE NECESITA MADERA PARA CONSTRUIR LAS CASAS Y COCER LA CERÁMICA.
Al aumentar la población, los agricultores necesitan nuevas tierras. Desde Oriente Próximo se extenderán por toda Europa.
AVANZAN LENTAMENTE, GENERACIÓN TRAS GENERACIÓN.
Cinco mil años más tarde, alcanzan la Bretaña, en el extremo oeste del continente.

ES JUSTO EN EL OESTE DONDE OTROS HOMBRES SE VUELVEN TAMBIÉN SEDENTARIOS.
CONSTRUYEN MONUMENTOS CON PIEDRAS ENORMES, MEGALITOS.
LOS DÓLMENES SON SIN LUGAR A DUDAS TUMBAS DEDICADAS A PERSONAJES IMPORTANTES.
ESTAS CONSTRUCCIONES COLOSALES LAS LLEVAN A CABO CIENTOS DE PERSONAS, MUCHAS MÁS QUE LOS ANTIGUOS GRUPOS DE CAZADORES-RECOLECTORES.
En el Neolítico, los cazadores prehistóricos se vuelven en todas partes pueblerinos apacibles.
NO ES TAN SENCILLO.
ALGUNOS CAZADORES SE RESISTEN A LA LLEGADA DE LOS AGRICULTORES QUE OCUPAN SUS TERRITORIOS DE CAZA PARA HACER PASTAR AL GANADO Y CULTIVAR TRIGO.
ADEMÁS, LAS RESERVAS ALIMENTARIAS Y LA RIQUEZA DE ALGUNOS PUEBLOS DESPIERTAN LA ENVIDIA DE SUS VECINOS.
POR LO QUE, ENTRE ELLOS, TIENEN LUGAR AUTÉNTICAS MASACRES.

Los hombres inventaron los pueblos. Ya no se trata de la prehistoria. ¿Pero cuándo empieza de verdad la Historia?
NO EXISTE UNA FECHA OFICIAL. EN PARTE PORQUE LOS CAMBIOS EN LA FORMA DE VIDA NO AFECTAN A TODO EL MUNDO AL MISMO TIEMPO.
ADEMÁS, ¿QUÉ FRONTERA ESCOGEMOS? ¿EL NACIMIENTO DE LAS PRIMERAS CIUDADES COMO ÇATAL HÜYÜK HACE 8.000 AÑOS?
¡No hay calles!
¿O LA UTILIZACIÓN DEL METAL? POCO A POCO SE SUSTITUYE LA PIEDRA POR EL COBRE, LUEGO POR EL BRONCE, HACE 7.000 AÑOS.
¿O LA INVENCIÓN DE LA RUEDA, HACE 5.500 AÑOS? LOS PRIMEROS CARROS HACEN SU APARICIÓN, TIRADOS POR CABALLOS O BUEYES.
¿U OTRA INNOVACIÓN PRODIGIOSA, TAL VEZ AÚN MÁS IMPORTANTE, LA ESCRITURA?
Es el fin de la prehistoria...
L'ÉVOLUTION DE L'HOMME
... y el principio de la Historia.

¿Seguimos siendo los mismos *Homo sapiens* que a lo largo de la prehistoria?
TRAS 40.000 AÑOS, CASI NO HEMOS CAMBIADO, AL MENOS EN EL PLANO FÍSICO.
NUESTROS ANCESTROS OCUPARON TODOS LOS ENTORNOS POSIBLES DE LA SUPERFICIE DEL GLOBO.
SE ADAPTARON A CONDICIONES DIVERSAS. CADA PUEBLO HA EVOLUCIONADO A SU MANERA.
HOY, CADA INDIVIDUO SE DIFERENCIA DE LOS DEMÁS POR SU ALTURA, SU FORMA, EL COLOR DE SU PIEL O DE CABELLO.
Y TAMBIÉN POR TODO LO QUE NO SE VE, COMO EL FUNCIONAMIENTO DE SUS CUERPOS O CEREBRO, O POR SU RESISTENCIA A LAS ENFERMEDADES.
SIN EMBARGO, AL CONTRARIO DE LO QUE PARECE, HAY MENOS DIFERENCIAS ENTRE DOS HUMANOS TOMADOS AL AZAR QUE ENTRE DOS CHIMPANCÉS.
LAS DIFERENCIAS MÁS IMPORTANTES NO SON LAS FÍSICAS, SINO LAS CULTURALES: NUESTRA LENGUA, RELIGIÓN, VESTIMENTAS...
PERO SIEMPRE TENEMOS LA OPCIÓN DE APRENDER OTRAS LENGUAS, ADOPTAR OTRAS CREENCIAS, U OTRAS COSTUMBRES.
Ser humano es tener el poder de elegir.

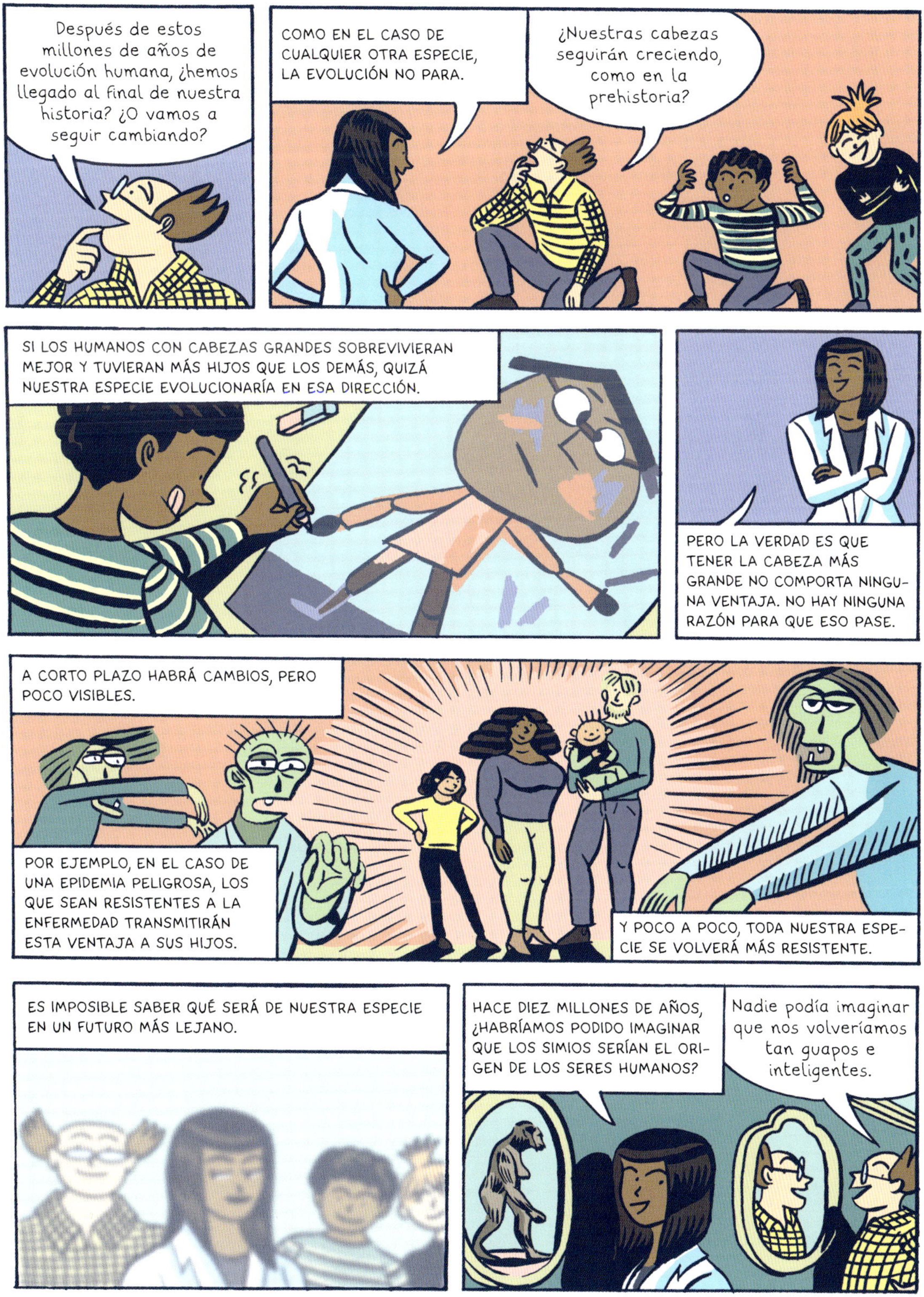
Después de estos millones de años de evolución humana, ¿hemos llegado al final de nuestra historia? ¿O vamos a seguir cambiando?
COMO EN EL CASO DE CUALQUIER OTRA ESPECIE, LA EVOLUCIÓN NO PARA.
¿Nuestras cabezas seguirán creciendo, como en la prehistoria?
SI LOS HUMANOS CON CABEZAS GRANDES SOBREVIVIERAN MEJOR Y TUVIERAN MÁS HIJOS QUE LOS DEMÁS, QUIZÁ NUESTRA ESPECIE EVOLUCIONARÍA EN ESA DIRECCIÓN.
PERO LA VERDAD ES QUE TENER LA CABEZA MÁS GRANDE NO COMPORTA NINGUNA VENTAJA. NO HAY NINGUNA RAZÓN PARA QUE ESO PASE.
A CORTO PLAZO HABRÁ CAMBIOS, PERO POCO VISIBLES.
POR EJEMPLO, EN EL CASO DE UNA EPIDEMIA PELIGROSA, LOS QUE SEAN RESISTENTES A LA ENFERMEDAD TRANSMITIRÁN ESTA VENTAJA A SUS HIJOS.
Y POCO A POCO, TODA NUESTRA ESPECIE SE VOLVERÁ MÁS RESISTENTE.
ES IMPOSIBLE SABER QUÉ SERÁ DE NUESTRA ESPECIE EN UN FUTURO MÁS LEJANO.
HACE DIEZ MILLONES DE AÑOS, ¿HABRÍAMOS PODIDO IMAGINAR QUE LOS SIMIOS SERÍAN EL ORIGEN DE LOS SERES HUMANOS?
Nadie podía imaginar que nos volveríamos tan guapos e inteligentes.

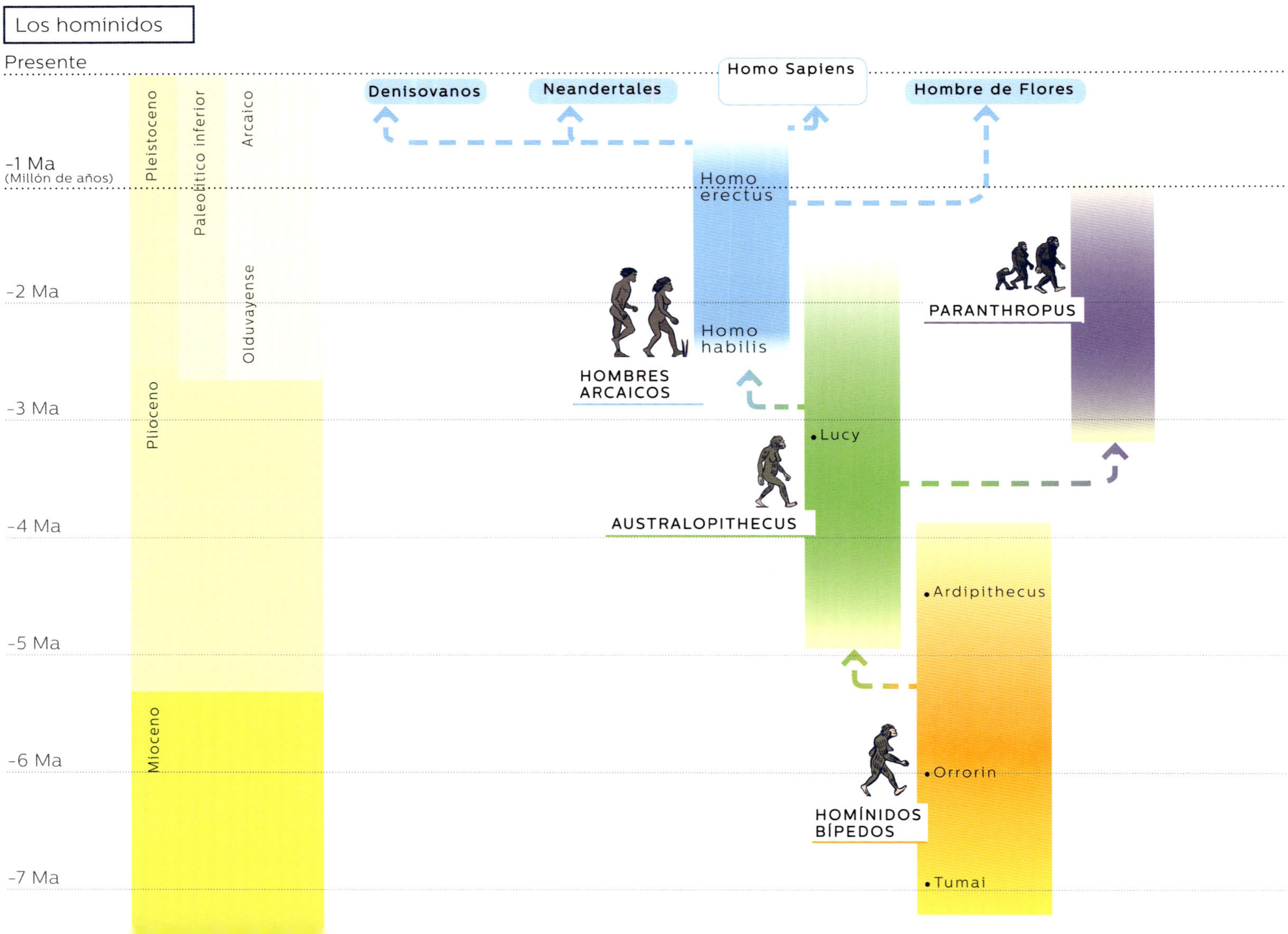

Los homínidos
Presente
-1 Ma
(Millón de años)
-2 Ma
-3 Ma
-4 Ma
-5 Ma
-6 Ma
-7 Ma
Pleistoceno
Paleolítico inferior
Arcaico
Olduvayense
Plioceno
Mioceno
Denisovanos
Neandertales
Homo Sapiens
Hombre de Flores
Homo erectus
Homo habilis
HOMBRES ARCAICOS
PARANTHROPUS
Lucy
AUSTRALOPITHECUS
Ardipithecus
Orrorin
HOMÍNIDOS BÍPEDOS
Tumai

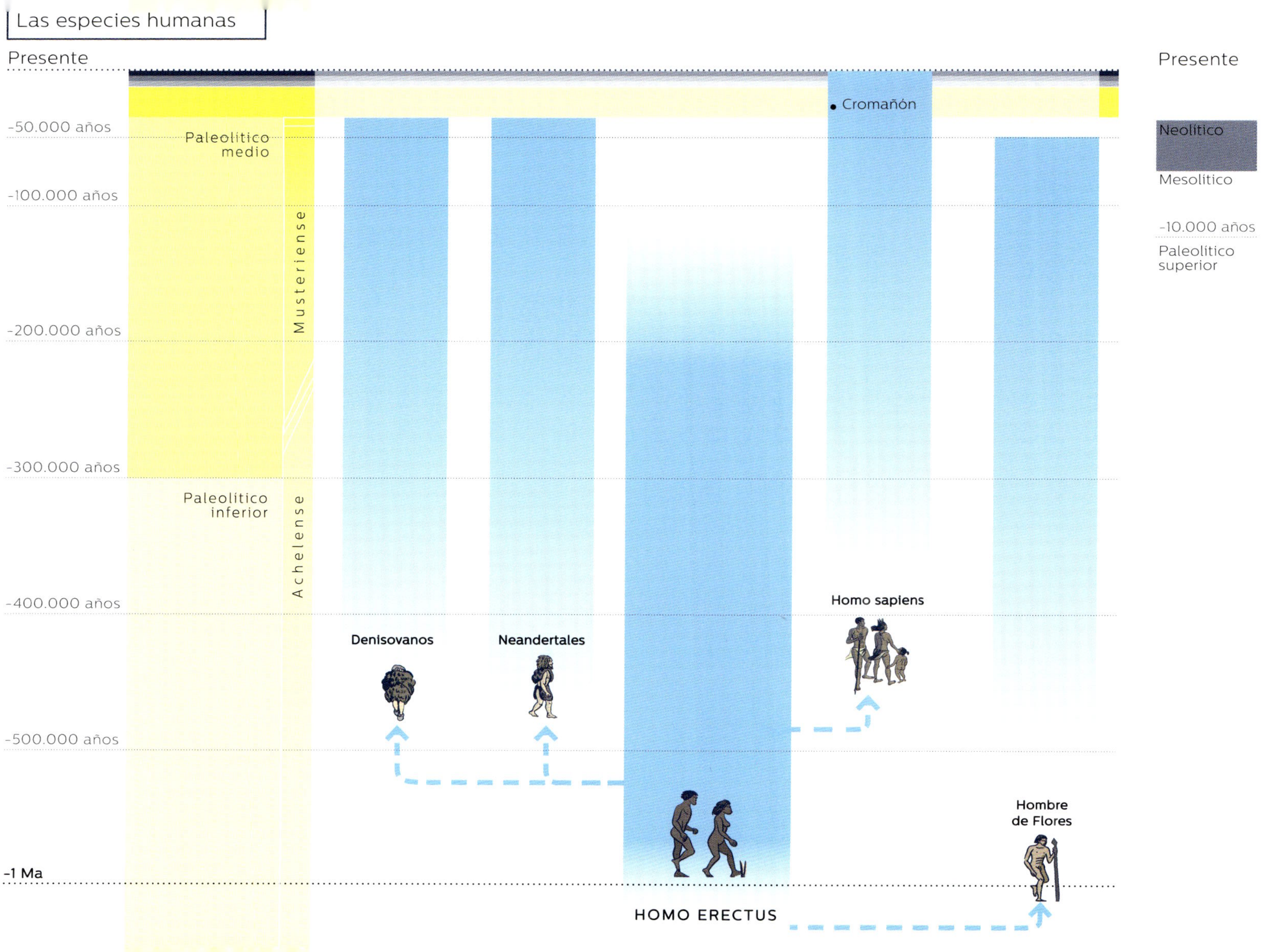

Las especies humanas
Presente
-50.000 años
-100.000 años
-200.000 años
-300.000 años
-400.000 años
-500.000 años
-1 Ma
Paleolítico medio
Paleolítico inferior
Musteriense
Achelense
Cromañón
Denisovanos
Neandertales
Homo sapiens
Hombre de Flores
HOMO ERECTUS
Presente
Neolítico
Mesolítico
-10.000 años
Paleolítico superior

Tabla de materias